建筑工程检测评定及监测预测关键技术系列丛书

混凝土结构检测与评定技术

U0170244

路彦兴　张　卓　卿龙邦　韩春雷　◎编著

中国建材工业出版社

图书在版编目（CIP）数据

混凝土结构检测与评定技术／路彦兴等编著. --北京：中国建材工业出版社，2020.5

（建筑工程检测评定及监测预测关键技术系列丛书）

ISBN 978 - 7 - 5160 - 2853 - 7

Ⅰ．①混… Ⅱ．①路… Ⅲ．①混凝土结构 - 检测②混凝土结构 - 评定 Ⅳ．①TU37

中国版本图书馆 CIP 数据核字（2020）第 037715 号

内 容 简 介

　　本书对混凝土结构工程质量检测与评定技术的发展现状及前沿技术进行了系统讲述，其主要内容包括构件混凝土强度、钢筋配置、构件内部缺陷等项目的检测与评定，混凝土结构耐久性评估，构件性能试验等。同时，书中针对每项检测技术分别从基本原理、抽样方式、设备要求及具体实施过程、检测结果的评价等方面进行了详细介绍。全书内容丰富、逻辑清晰、指导性强，方便读者学习参考。

　　本书适合从事混凝土结构检测鉴定的专业人员使用，也可作为相关专业技术人员的培训教材，还可作为高等院校相关专业师生科研与教学的参考用书。

混凝土结构检测与评定技术

Hunningtu Jiegou Jiance yu Pingding Jishu

路彦兴　张 卓　卿龙邦　韩春雷　编著

出版发行　中国建材工业出版社

地　　址：北京市海淀区三里河路 1 号

邮　　编：100044

经　　销：全国各地新华书店

印　　刷：北京雁林吉兆印刷有限公司

开　　本：710mm×1000mm　1/16

印　　张：10.5

字　　数：200 千字

版　　次：2020 年 5 月第 1 版

印　　次：2020 年 5 月第 1 次

定　　价：**58.00 元**

前　言

目前，我国各类建筑物中钢筋混凝土结构仍占绝大多数。无论是新建钢筋混凝土建筑物还是既有建筑物，其结构的安全性一直是大家最关注的问题。虽然随着预拌混凝土的普及，钢筋混凝土结构质量有了很大的提高与改善，但是各种质量问题仍层出不穷。快速、准确地检测钢筋混凝土质量，是实施工程质量控制的重要措施。

本书从实际工程应用出发，结合作者近几年的研究成果，对混凝土结构现场检测技术进行了详细介绍。在混凝土强度检测技术方面，除对传统的回弹法、超声回弹综合法进行介绍外，针对高强混凝土的检测技术还介绍了射钉法、芯样抗折法等检测技术，便于读者学习掌握混凝土结构现场检测技术知识，正确选择适合工程实际的检测方法并实施现场检测。

全书分为七个章节，主要介绍了混凝土强度检测技术、混凝土构件内部缺陷检测技术、钢筋保护层厚度检测技术、混凝土构件结构性能试验方法及既有混凝土结构耐久性检测等内容。本书作者长期从事建筑物检测鉴定、加固、改造等的技术研究和实践工作，在编制本书过程中根据自身实际经验，结合国内外最新检测评定技术，力求全面总结混凝土结构检测评定方法，并注重创新性、系统性和实用性，努力做到图文并茂、通俗易懂，便于应用。

本书主要由路彦兴、张卓、卿龙邦、韩春雷撰写，参加撰写的人员还包括安国旗、董鹏、王大勇、吴红超、李敬轩、李子豪、蔺家腾、王钰铂、相禹彤等。限于作者的能力水平有限，书中不当之处在所难免，敬请广大读者批评指正。

编著者

2020 年 1 月

目　　录

第1章 绪 论

在我国经济建设高速发展时期，基础工程建设规模宏大，建设速度也是世界上任何其他国家所无法比拟的。我国每年基建总投资数万亿元，其中土建工程就占相当大的比重，因此建筑行业在国民经济中具有举足轻重的作用。建筑工程中的混凝土结构，由于其耐久性、耐火性、整体性、可模性及节约钢材等特点，使得混凝土成为建筑工程中最主要的、用量最大的建筑材料之一，它的质量直接关系到建筑结构的安全。如何加强混凝土质量的控制与检测，如何保证混凝土工程质量，如何确保工程使用寿命等问题关系到国民经济可持续发展，对我国经济建设具有重大的战略意义。

混凝土是一种多相复合体系，各相随机地交织在一起，形成极为复杂的内部结构。为了研究这些内部结构的特点，以及各结构成分对总体性能的影响，许多学者都在这方面进行了大量研究。纵观已被采用的各项混凝土测试技术，实际上都是为了观察和测量混凝土中不同层次的结构状态和特性指标。在混凝土质量检测项目中混凝土强度是非常重要的指标之一，检测技术发展至今，其种类越来越多，形式越来越先进，目前常用的混凝土强度现场检测传统技术有回弹法、钻芯法、超声回弹综合法、拔出法等，其中回弹法和超声回弹综合法使用最广泛。在传统检测技术基础上，编者对一些新形式的混凝土强度检测技术进行了探索，比如回弹法不同角度检测泵送混凝土强度、射钉法、直拔法、小芯样抗折/劈裂法等，如何快速、简单、准确地确定混凝土强度仍将值得我们去探索。

钢筋是混凝土结构中重要的元素，它直接决定了结构的抗压、抗剪、抗震、抗冲击性能，影响结构的安全性和耐久性。钢筋位置、钢筋直径、钢筋保护层厚度以及钢筋锈蚀等指标，是评定钢筋混凝土结构耐久性好坏的重要前提，没有可靠的检测数据就无法得到可靠的评估结果。混凝土结构钢筋无损检测技术就是在不影响其使用性能的前提下，利用声、光、电、磁、热及射线等物理方法，测定与结构质量有关的某些物理量，通过测得的物理量与尺寸及完整性等的相关性分析达到检测的目的。

对建（构）筑物，不论是对施工过程中造成的混凝土裂缝、蜂窝、孔洞、振捣不密实或模板漏浆、施工缝粘结不良等内部缺陷，还是对混凝土检测中强度以外的钢筋位置、直径及锈蚀状态，饰面剥离，受冻层深度和混凝土耐久性等内部性能的非破损检测越来越受到技术人员重视，其研究和发展也很迅速，提出了很多检测方法。混凝土内部缺陷的非破损检测方法主要有超声脉冲法、脉冲回波法、雷达扫描法、红外热谱法、声发射法等。这类方法的基本原理是依赖于波、射线或热发射等物质在混凝土介质中的变化，来判断混凝土内部缺陷的位置、大小、损伤程度及损伤历史。在工程实践中这些方法发展迅速，已普遍应用于工程实测，目前也已编制了相应的技术规程。

　　土木工程是一个实践性非常强的专业。建筑结构是土木工程结构的重要组成部分。建筑结构试验则是研究和发展土木工程专业所必需的重要研究手段之一。为满足建筑结构在功能及使用上的要求，必须使得这些结构在规定的使用期内安全有效地承受外部及内部形成的各种作用。为了进行合理的建筑结构设计，工程技术人员必须掌握在各种作用下结构的实际工作状态，以及构件、节点等部分的承载力、刚度、受力性能、耐久性和安全储备等。随着检测技术的进一步提高，除用直接方法测定材料或结构的性能（如钻芯取样试验等）外，还可用间接方法测定其内在质量，如静载和动载检测等。结构试验是检测材料和实体结构内在质量的一种直接或间接的手段，亦是结构检测技术研究的内容之一。

第2章 混凝土强度现场检测传统技术

我国《建筑结构检测技术标准》（GB/T 50344）规定，当出现下列情况之一时应进行建筑结构工程质量的检测：①涉及结构安全的试块、试件以及有关材料检验数量不足时；②对施工质量的抽样检测结果达不到设计要求时；③对施工质量有怀疑或争议，需要通过检测进一步分析结构的可靠性时；④当发生工程事故，需要通过检测分析事故的原因及对结构可靠性的影响时。当进行混凝土强度现场检测时可采用回弹法、超声回弹法、钻芯法、拔出法等检测方法，作为工程质量处理的依据。本章将对这些传统检测技术进行介绍。

2.1 回弹法

自从 1948 年瑞士人施米特（E. Schmidt）发明回弹仪及苏黎世材料试验所发表研究报告以来，回弹法检测混凝土强度技术已经有了近 60 年的历史。

回弹法检测混凝土强度主要是根据回弹值与混凝土表面硬度具有一定的相关关系，而混凝土表面硬度又与其强度具有一定的相关关系。因此，根据回弹值与混凝土强度之间的相关关系，就可以由回弹值推算出混凝土的抗压强度。

目前，回弹法在国外的应用主要有以下三方面：

① 只作混凝土均匀性的判断及各构件质量的相对比较，不作强度推算；

② 以一定数量的试件来标定，求出强度与回弹值关系后作为判断强度的辅助手段；

③ 以一定数量的试件来标定，求得相关关系后可作为推算强度的手段。

我国自 20 世纪 50 年代中期开始采用回弹法检测现场混凝土的抗压强度。1978 年，原国家基本建设委员会将混凝土无损检测技术列入了建筑科学发展计划，组成了以陕西建筑科学研究设计院为组长单位的全国性协作研究组。对回弹法的仪器性能、影响因素、测试技术、数据处理方法及强度推算方法等进行了系统研究，提出了具有我国特色的回弹仪标准状态及"回弹值-碳化深度-强度"相关关系。提高了回弹法的测试精度与适应性。

1982 年，建设部下达了部标准《回弹法评定混凝土抗压强度技术规程》的编制任务，该标准总结了我国 30 年来使用回弹法检验混凝土强度的经验和科研成果，又对一些重要的影响因素进行了复验性试验研究，从我国实际情况出发，参考了国外同类标准，经多次专门会议讨论，于 1985 年 1 月批准发布。这是我国第一本非破损检验混凝土质量的专业标准。该标准名称为《回弹法评定混凝土抗压强度技术规程》（JGJ 23—1985）。1989 年又对该规程进行了修订，修订后作为行业标准《回弹法检测混凝土抗压强度技术规程》（JGJ/T 23—1992）。经过 10 多年的使用，2000 年又对该规程进行了修订补充，规程名称不变，编号为 JGJ/T 23—2001。目前该规程名称不变，在 2011 年修订补充后，编号更新为 JGJ/T 23—2011。

与其他现场检测方法相比较，回弹法具有设备简单、操作方便、测试迅速等优点。目前，同弹法作为最主要的无损检测方法在现场强度检测中得到广泛应用。

2.1.1　基本原理

回弹法检测混凝土强度是用一定的弹性冲击力使弹锤撞击混凝土表面。当回弹仪撞击混凝土硬化表面时，其初始动能发生再分配。一部分能量以塑性变形或残余变形的形式为混凝土所吸收，而另一部分能量以与表面硬度成正比的关系传给弹击锤，使弹击锤回弹一定的高度。当混凝土强度较高时，其表面硬度较大，回弹值较高；当混凝土强度较低时，其表面硬度较小，回弹值较低。也就是说，可以根据回弹值的高低推算混凝土的实际抗压强度。

当回弹仪在水平方向弹击混凝土表面时，弹击锤具有最大的冲击能量为：

$$E = \frac{1}{2}KL^2 \tag{2-1}$$

式中　E——重锤最大冲击能量；

　　　K——弹击拉簧弹性系数；

　　　L——弹击拉簧最大伸长长度。

回弹值反映了混凝土表面硬度。混凝土表面硬度越大，其相应回弹值也越高。由于混凝土表面硬度与其抗压强度存在一定相关关系，因此回弹值也反映了混凝土抗压强度 f_{cu}^c 的大小。由于回弹值 R 与抗压强度 f_{cu}^c 之间的具体影响关系较为复杂，采用数学方法推导两者关系还存在较大的困难。在实际应用中，多利用大量试验结果进行回归分析，得到两者相关方程。目前，常用以下几种数学关系式：

$$f_{cu}^{c} = A + BR \tag{2-2}$$

$$f_{cu}^{c} = AR^{B} \tag{2-3}$$

$$f_{cu}^{c} = AR^{B} \times 10^{Cd} \tag{2-4}$$

式中　f_{cu}^{c}——混凝土测区推算强度；

　　　R——混凝土测区平均回弹值；

　　　d——混凝土测区碳化深度；

　A、B、C——回归系数。

以上讨论的回弹值系指回弹仪在水平情况下，且弹击杆垂直于测试表面时所测得数值。当回弹仪以一定的倾斜角度弹击测试表面时，由于弹击锤受重力的影响，使弹击能量的再分配发生了变化，此时应对回弹仪的回弹值进行修正。

2.1.2　回弹仪

目前，常用的回弹仪主要有大、中、小三种类型：

大型回弹仪：冲击能量为 29.04J。主要用于大型和重型构筑物、道路及机场等混凝土工程的强度检测。

中型回弹仪：冲击能量为 2.027J。主要用于普通混凝土工程的强度检测。

小型回弹仪：冲击能量为 0.735J。主要用于轻质混凝土及砂浆等的强度检测。

本书讨论的主要为中型回弹仪。

回弹仪主要结构如图 2-1 所示。

回弹仪的性能主要受机芯等主要零配件的装配尺寸、质量要求及回弹仪的率定三个方面的因素影响。

1. 机芯等主要零配件的尺寸

（1）弹击拉簧的工作长度 l_0

当指针位于刻度尺"0"处时，弹击拉簧的自由工作长度应为 61.5mm。当弹击拉簧的工作

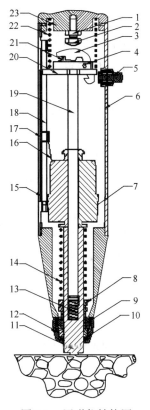

图 2-1　回弹仪结构图

1—紧固螺母；2—调零螺钉；3—挂钩；4—挂钩圆柱销；5—按钮；6—机壳；7—弹击锤；8—拉簧座；9—卡环；10—密封圈；11—弹击杆；12—前盖；13—缓冲压簧；14—弹击拉簧；15—刻度尺；16—指针片；17—指针块；18—指针轴；19—中心导杆；20—导向法兰；21—挂钩压簧；22—压簧；23—尾盖

长度 l_0 大于 61.5mm 时，弹击锤与弹击杆产生冲压现象，测得的回弹值较正常状态偏高；当弹击拉簧的工作长度 l_0 小于 61.5mm 时，弹击拉簧产生冲拉现象，测得的回弹值较正常状态偏低。

当弹击拉簧的工作长度 l_0 出现异常时，可通过调节弹击拉簧座的孔位来实现。

（2）弹击锤的冲击长度 l_p

弹击锤的冲击长度 l_p 是指弹击锤脱钩的瞬间，弹击锤与弹击杆撞击面之间的距离。当仪器处于正常状态时，弹击锤的冲击长度 l_p 应等于 75mm。

当弹击锤的冲击长度 l_p 大于 75mm 时，弹击锤与弹击拉簧碰撞的瞬间，弹击拉簧产生冲压现象，但由于弹击锤的起跳点小于"0"，测得的回弹值较正常状态偏低；当弹击锤的冲击长度 l_p 小于 75mm 时，弹击锤与弹击拉簧碰撞的瞬间，弹击拉簧产生冲拉现象，但由于弹击锤的起跳点大于"0"，测得的回弹值较正常状态偏高。

当机芯在机壳内工作时，压簧对弹击锤脱钩的瞬间施于弹击拉簧的反力传给缓冲压簧后，产生的压簧变形约 0.5mm，因此调整时应使 $l_p = 75.5mm$。

（3）弹击锤的起跳点

根据仪器的构造与设计原理，弹击锤的起跳点应与刻度尺上的"0"处相对应，而刻度尺上的"0~100"的长度为 75mm，当仪器处于标准状态时，此值应等于弹击拉簧的工作长度 l_0 和弹击锤的弹击长度 l_p。当弹击锤在"100"处脱钩时，表明仪器状态正常，否则应调节尾盖螺丝长度进行校正。

2. 质量要求

（1）弹击拉簧的刚度

弹击拉簧的刚度对回弹结果有显著的影响。试验表明，随着刚度的增加，回弹值降低，根据仪器的构造与冲击能量，弹击拉簧的刚度应取 0.784N/mm。

（2）弹击杆前段球面半径

按照设计规定，回弹仪弹击杆前段曲率半径 $r = 25mm$。试验表明，当 r 较大时，其在测试表面消耗的塑性变形越小，也就是说，r 越大，回弹值越高；反之越小。

（3）指针长度和摩擦力

回弹仪指针长度应为 20mm，指针上的指示线应位于正中。指针摩擦力 f 是指针在指针轴上滑动的摩擦力，其大小应等于 0.65N。当指针摩擦力过大时，会影响弹击锤回弹，导致回弹值偏低；当指针摩擦力过小时，会出现指针在指针轴

上滑动，导致回弹值偏高。

（4）影响弹击锤起跳位置的相关部件

当仪器其他条件正常时，弹击锤是否相应于刻度尺的"100"处脱钩，弹击锤的冲击长度是否等于75mm是影响弹击锤是否在刻度尺"0"处起跳的关键因素。为了保证仪器工作时的冲击长度为75mm，必须确保弹击拉簧、压簧、缓冲弹簧的质量满足特定的要求。

另外，弹击锤脱钩时，挂钩尾部与法兰上平面之间孔隙的大小也影响弹击锤的起跳点。因此，要求各台仪器加工时应使脱钩尾部与法兰上表面的孔隙最小且应保持一致。

3. 回弹仪的率定

目前，我国回弹仪率定的方法主要还是采用钢砧法进行。在洛氏硬度60±2的钢砧上，将回弹仪仪垂直向下率定，当回弹仪仪处于正常工作状态时，其平均率定值应为80±2。

钢砧的率定作用主要体现在以下几个方面：

（1）当仪器处于标准状态时，检验仪器的冲击能量是否等于或接近2.207J。当仪器的冲击能量符合要求时，此时的率定值应为80±2。

（2）当仪器处于标准状态时，检验仪器测试的稳定性。它集中反映了弹击杆与中心导杆及弹击锤三者的同心度、垂直度或弹击杆弹击面与弹击锤弹击面的加工精度。率定时应将弹击杆在中心导杆内旋转四次（每次90°），每次共弹击五次，此时的率定值应为80±2。

（3）在仪器其他条件符合要求的情况下，还应检验弹击杆后端弹击面的形状、质量及有无污物等。

（4）当回弹仪的其他条件符合要求时，可以检验弹击锤的起跳点是否位于"0"处。需要注意的是，回弹仪尾盖螺丝可以起到调节"0"的作用，但其不具备率定的功能。

2.1.3　回弹法测强度的影响因素

混凝土碳化深度和龄期、湿度、养护方法、表面状态、外加剂等都对回弹值有一定程度的影响。

1. 碳化深度和龄期

碳化深度对混凝土回弹值有至关重要的影响。在混凝土硬化过程中，空气中的CO_2与混凝土表面的$Ca(OH)_2$反应生成$CaCO_3$，$CaCO_3$在混凝土表面结成硬壳，CO_2 与 $Ca(OH)_2$ 在混凝土中的反应深度即碳化深度，并使混凝土回弹值相应增加。一般认为，当龄期相同时，碳化深度与混凝土强度近似成反比；强度相同时，碳化深度与龄期成正比，回弹值与碳化深度成正比。

由于不同地区自然条件差异较大，在考虑碳化深度对混凝土回弹值影响时，往往需根据本地具体条件制定相应修正系数。在建立地区专用测强曲线时，可按式（2-5）考虑碳化深度对混凝土回弹值的影响。

$$N = aR^b \times 10^{cL} \tag{2-5}$$

式中　　N ——混凝土换算强度；

　　　　R ——混凝土回弹值；

　　　　L ——混凝土碳化深度；

a、b、c ——回归系数。

在实际检测时，如碳化深度 $L < 0.5mm$ 时，可按无碳化处理；当碳化深度 $L \geqslant 6.0mm$ 时，碳化对混凝土回弹值的影响作用基本不变，可按 $L = 6.0mm$ 处理。

2. 养护条件

标准养护与自然养护是混凝土生产中常用的两种养护方式。在标准养护条件下，混凝土处于潮湿的环境中，对其强度发展较为有利，但由于标准养护的混凝土含水量高于自然条件下的混凝土，其回弹值常常偏低。随着混凝土强度的进一步发展，这种差异将会有所减小。

3. 表面光滑程度

混凝土表面光滑程度对回弹值有一定影响。当混凝土表面比较粗糙时，回弹值离散性较大。对比较粗糙的混凝土表面，在进行回弹法测试前，应用砂轮将其打磨光滑。

4. 表面湿度

混凝土表面的湿度情况和含水率对回弹值有明显的影响。一般来讲，混凝土表面湿度越大，回弹值越低，这种影响随着混凝土强度的提高而变小，且受气候条件、龄期、混凝土原材料等多种因素的影响。一般在现场测试时，应尽量选择干燥的混凝土测试表面。

5. 外加剂

一般来讲，外加剂对混凝土回弹结果影响不太显著，但当采用引气剂的时候需要引起特别的注意。引气剂会使混凝土内部生成大量的气孔，改变混凝土内部结构，对回弹结果有较大的影响。

2.1.4　回弹曲线

回弹法检测混凝土强度的基本依据是以大量试验数据为基础的测强曲线或经验公式。

测强曲线是在实验室中根据预期测试的混凝土强度范围、原材料、养护条件、龄期等制作一定数量的立方体试块，在合适的条件下测试其回弹值、碳化深度、抗压强度等基本参数，再选用特定的数学方程对所测参数进行回归分析，得到在特定条件下混凝土回弹值、碳化深度与其强度之间的相关关系。

常用的混凝土回弹法测强曲线主要有统一测强曲线、地区测强曲线、专用测强曲线三类。

1. 统一测强曲线

统一测强曲线是用全国有代表性的材料、成型养护工艺配制的混凝土试件，通过试验所建立的曲线，一般特指国家行业标准《回弹法检测混凝土抗压强度技术规程》（JGJ/T 23）中给出的测强曲线。我国现行统一测强曲线经过了多年的试验验证，取得了显著的成效。

我国现行统一测强曲线主要适用以下几种情况：

① 混凝土采用的水泥、砂石、外加剂、掺合料、拌和用水符合国家现行有关标准；

② 采用普通成型工艺；

③ 采用符合国家标准规定的模板；

④ 蒸汽养护出池经自然养护 7d 以上，且混凝土表层为干燥状态；

⑤ 自然养护且龄期为 14 ~ 1000d；

⑥ 抗压强度为 10.0 ~ 60.0MPa。

测区混凝土强度换算表所依据的统一测强曲线，其强度误差值应符合下列规定：

① 平均相对误差（δ）应不大于 ±15.0%；

② 相对标准差（e_r）应不大于 18.0%。

当有下列情况之一时，测区混凝土强度不得按《回弹法检测混凝土抗压强度技术规程》（JGJ/T 23）的规定进行强度换算：

① 非泵送混凝土粗骨料最大公称粒径大于 60mm，泵送混凝土粗骨料最大公称粒径大于 31.5mm；

② 特种成型工艺制作的混凝土；

③ 检测部位曲率半径小于250mm;

④ 潮湿或浸水混凝土。

2. 地区测强曲线

地区测强曲线一般指省、市、县行政范围内,采用本地区常用的材料、成型养护工艺配制的混凝土试件,通过试验所建立的曲线。通常,地区测强曲线平均相对误差(δ)应不大于 ±14.0%,相对标准差(e_r)应不大于17.0%。

3. 专用测强曲线

专用测强曲线是针对特定的工程或混凝土供应商的具体的原材料情况、生产质量、养护、龄期等制定的测强曲线。由于专用测强曲线干扰因素较少,其强度推定结果精度较高,误差较小。通常,专用测强曲线平均相对误差(δ)应不大于 ±12.0%,相对标准差(e_r)应不大于14.0%。

地区和专用测强曲线应按规范要求的方法制定。使用地区或专用测强曲线时,被检测的混凝土应与制定该类测强曲线混凝土的适应条件相同,不得超出该类测强曲线的适应范围,并应每半年抽取一定数量的同条件试件进行校核,当存在显著差异时,应查找原因,不得继续使用。

制定地区和专用测强曲线的试块应与欲测构件在原材料(含品种、规格)、成型工艺、养护方法等方面条件相同。应按最佳配合比设计5个强度等级,且每一强度等级不同龄期应分别制作不少于6个边长为150mm的立方体试块,在成型24h后,应将试块移至与被测构件相同条件下养护,试块拆模日期宜与构件的拆模日期相同。

试块测试前应擦净试块表面,将浇筑侧面的两个相对面置于压力机的上下承压板之间,加压至60~100kN(低强度试件取低值加压)。

在试块保持压力下,用处于标准状态的回弹仪按规定的操作方法,在试块的两个侧面上分别弹击8个点进行回弹试验,共16个回弹值,读数精确至1。

从每一试块的16个回弹值分别剔除其中3个最大值与3个最小值,然后以余下的10个回弹值的平均值(计算精确至0.1)作为该试块的平均回弹值 R_m。

将试块加荷直至破坏,计算试块的抗压强度值 f_{cu},精确至0.1MPa。

按规定在破坏后的试块边缘测量该试块的平均碳化深度值 d_m。

地区和专用测强曲线的回归方程式,应按每一试件测得的 R_m、d_m 和 f_{cu},采用最小二乘法原理计算,回归方程宜采用以下函数关系式:

$$f_{cu}^c = aR_m^b \cdot 10^{cd_m} \tag{2-6}$$

回归方程式的强度平均相对误差 δ 和强度相对标准差 e_r,可分别采用式（2-7）与式（2-8）计算：

$$\delta = \frac{1}{n} \sum_{i=1}^{n} \left| \frac{f_{cu,i}^{c}}{f_{cu,i}} - 1 \right| \times 100 \qquad (2\text{-}7)$$

$$e_{r} = \sqrt{\frac{1}{n-1} \sum_{i=1}^{n} \left(\frac{f_{cu,i}^{c}}{f_{cu,i}} - 1 \right)^{2}} \times 100 \qquad (2\text{-}8)$$

式中　　δ——回归方程式的强度平均相对误差（％），精确到 0.1；

　　　　e_{r}——回归方程式的强度相对标准差（％），精确到 0.1；

　　　　$f_{cu,i}$——由第 i 个试块抗压试验得出的混凝土抗压强度值（MPa），精确到 0.1MPa；

　　　　$f_{cu,i}^{c}$——由同一试块的平均回弹值 R_m 及平均碳化深度值 d_m 按回归方程式算出的混凝土的强度换算值（MPa），精确到 0.1MPa；

　　　　n——制定回归方程式的试块数。

总体来说，统一测强曲线适应性较好，覆盖面较广，但我国地域辽阔，气候悬殊，混凝土材料品种繁多，地区之间具有较大的差异性，其精度相对较差。地区测强曲线与专用测强曲线应用范围较小，但其精度相对较高。对有条件的地区和部门，宜因地制宜，结合本地具体条件与工程对象制定和采用专用测强曲线与地区测强曲线，经上级主管部门组织审定和批准后实施。各检测单位应按专用测强曲线、地区测强曲线、统一测强曲线的次序选用合适的测强曲线。

2.1.5　回弹法检测技术

在进行回弹法检测混凝土强度时，应做好充分的准备工作，了解并掌握工程概况、混凝土原材料、混凝土配合比、施工情况、设计图纸和检测原因等。

构件混凝土强度的检测一般采取两种方式：适用于单个构件检测的单个检测和批量检测。对于混凝土生产工艺、强度等级相同，原材料、配合比、养护条件基本一致且龄期相近的一批同类构件的检测应采用批量检测。按批量进行检测时，应随机抽取构件，抽检数量不宜少于同批构件总数的 30% 且不宜少于 10 件。当检验批构件数量大于 30 个时，抽样构件数量可适当调整，并不得少于国家现行有关标准规定的最少抽样数量。

单个构件的检测应注意如下事项：

对于一般构件，测区数不宜少于 10 个。当受检构件数量大于 30 个且不需提供单个构件推定强度或受检构件某一方向尺寸不大于 4.5m 且另一方向尺寸不大于 0.3m 时，每个构件的测区数量可适当减少，但应不少于 5 个。相邻两测区的间距应不大于 2m，测区离构件端部或施工缝边缘的距离不宜大于 0.5m，且不宜小于 0.2m。测区宜选在能使回弹仪处于水平方向的混凝土浇筑侧面。当不能满足这一要求时，也可选在使回弹仪处于非水平方向的混凝土浇筑表面或底面。测区宜布置在构件的两个对称的可测面上，当不能布置在对称的可测面上时，也可布置在同一可测面上，且应均匀分布。在构件的重要部位及薄弱部位应布置测区，并应避开预埋件。测区的面积不宜大于 0.04m²。

测区表面应为混凝土原浆面，并应清洁、平整，应不有疏松层、浮浆、油垢、涂层以及蜂窝、麻面。对于弹击时产生颤动的薄壁、小型构件，应进行固定。测区应标有清晰的编号，并宜在记录纸上绘制测区布置示意图和描述外观质量情况。

进行回弹检测时，回弹仪的轴线应始终垂直于混凝土检测面，缓慢施加压力，回弹仪弹击后准确读数，快速复位。每一测区应读取 16 个回弹值，每一测点的回弹值读数应精确至 1。测点宜在测区范围内均匀分布，相邻两测点的净距离不宜小于 20mm；测点距外露钢筋、预埋件的距离不宜小于 30mm；测点应不在气孔或外露石子上，同一测点应只弹击一次。

回弹值测量完毕后，应在有代表性的测区上测量碳化深度值，测点数应不少于构件测区数的 30%，应取其平均值作为该构件每个测区的碳化深度值。当碳化深度值极差大于 2.0mm 时，应在每一测区分别测量碳化深度值。测量时可采用工具在测区表面形成直径约 15mm 的孔洞，其深度应大于混凝土的碳化深度。应清除孔洞中的粉末和碎屑，且不得用水擦洗，应采用浓度为 1%~2% 的酚酞酒精溶液滴在孔洞内壁的边缘处，当已碳化与未碳化界线清晰时，应采用碳化深度测量仪测量已碳化与未碳化混凝土交界面到混凝土表面的垂直距离，并应测量 3 次，每次读数应精确至 0.25mm，应取三次测量的平均值作为检测结果，并应精确至 0.5mm。

检测泵送混凝土强度时，测区应选在混凝土浇筑侧面。

当检测条件与统一测强曲线的适用条件有较大差异时，可采用在构件上钻取的混凝土芯样或同条件试块对测区混凝土强度换算值进行修正。对同一强度等级混凝土修正时，芯样数量应不少于 6 个，公称直径宜为 100mm，高径比应为 1。芯样应在测区内钻取，每个芯样应只加工一个试件。同条件试块修正时，试块数量应不少于 6 个，试块边长应为 150mm。计算时，测区混凝土强度修正量及测区混凝土强度换算值的修正应符合下列规定：

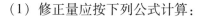

（1）修正量应按下列公式计算：

$$\Delta_{\text{tot}} = f_{\text{cor,m}} - f_{\text{cu,m0}}^{\text{c}} \tag{2-9}$$

$$\Delta_{\text{tot}} = f_{\text{cu,m}} - f_{\text{cu,m0}}^{\text{c}} \tag{2-10}$$

$$f_{\text{cor,m}} = \frac{1}{n}\sum_{i=1}^{n} f_{\text{cor},i} \tag{2-11}$$

$$f_{\text{cu,m}} = \frac{1}{n}\sum_{i=1}^{n} f_{\text{cu},i} \tag{2-12}$$

$$f_{\text{cu,m0}}^{\text{c}} = \frac{1}{n}\sum_{i=1}^{n} f_{\text{cu},i}^{\text{c}} \tag{2-13}$$

式中　　Δ_{tot}——测区混凝土强度修正量（MPa），精确到 0.1MPa；

　　　　$f_{\text{cor,m}}$——芯样试件混凝土强度平均值（MPa），精确到 0.1MPa；

　　　　$f_{\text{cu,m}}$——150mm 同条件立方体试块混凝土强度平均值（MPa），精确到 0.1MPa；

　　　　$f_{\text{cu,m0}}^{\text{c}}$——对应于钻芯部位或同条件立方体试块回弹测区混凝土强度换算值的平均值（MPa），精确到 0.1MPa；

　　　　$f_{\text{cor},i}$——第 i 个混凝土芯样试件的抗压强度；

　　　　$f_{\text{cu},i}$——第 i 个混凝土立方体试块的抗压强度；

　　　　$f_{\text{cu},i}^{\text{c}}$——对应于第 i 个芯样部位或同条件立方体试块测区回弹值和碳化深度值的混凝土强度换算值；

　　　　n——芯样或试块数量。

（2）测区混凝土强度换算值的修正应按下式计算：

$$f_{\text{cu},i1}^{\text{c}} = f_{\text{cu},i0}^{\text{c}} + \Delta_{\text{tot}} \tag{2-14}$$

式中　　$f_{\text{cu},i0}^{\text{c}}$——第 i 个测区修正前的混凝土强度换算值（MPa），精确到 0.1MPa；

　　　　$f_{\text{cu},i1}^{\text{c}}$——第 i 个测区修正后的混凝土强度换算值（MPa），精确到 0.1MPa。

2.1.6　混凝土强度推定

我国现行设计、施工、混凝土强度检验评定标准，均采用标准养护边长 150mm 的立方体试块标准养护 28d 抗压强度，作为确定混凝土强度合格性的依据。当标准试块或同条件试块未达到相关要求或对混凝土最终强度有怀疑时，可采用回弹法对现场构件进行非破损检测。检测结果可作为处理混凝土质量问题的一个依据。

1. 测区混凝土强度的计算

采用回弹法计算混凝土强度时，主要是利用测区回弹平均值 R_m 与碳化深度 d_m，依据相关测强曲线，计算该测区混凝土强度。

测区混凝土强度的计算按以下几个步骤进行。

1）计算测区平均回弹值

计算测区平均回弹值时，应从该测区的 16 个回弹值中删除 3 个最大值和 3 个最小值，其余 10 个回弹值按下式计算：

$$R_m = \frac{\sum_{i=1}^{10} R_i}{10} \tag{2-15}$$

式中　R_m——测区平均回弹值，精确到 0.1；

　　　R_i——第 i 个测点的回弹值。

2）非水平方向检测时修正

非水平方向检测混凝土浇筑面侧面时，测区的平均回弹值应按下式修正：

$$R_m = R_{m\alpha} + R_{a\alpha} \tag{2-16}$$

式中　$R_{m\alpha}$——非水平方向检测时测区的平均回弹值，精确至 0.1；

　　　$R_{a\alpha}$——非水平方向检测时的回弹值修正值，应按表 2-1 取值。

表 2-1　非水平方向检测时的回弹值修正值

$R_{m\alpha}$	检测角度							
	向上				向下			
	90°	60°	45°	30°	-30°	-45°	-60°	-90°
20	-6.0	-5.0	-4.0	-3.0	+2.5	+3.0	+3.5	+4.0
21	-5.9	-4.9	-4.0	-3.0	+2.5	+3.0	+3.5	+4.0
22	-5.8	-4.8	-3.9	-2.9	+2.4	+2.9	+3.4	+3.9
23	-5.7	-4.7	-3.9	-2.9	+2.4	+2.9	+3.4	+3.9
24	-5.6	-4.6	-3.8	-2.8	+2.3	+2.8	+3.3	+3.8
25	-5.5	-4.5	-3.8	-2.8	+2.3	+2.8	+3.3	+3.8
26	-5.4	-4.4	-3.7	-2.7	+2.2	+2.7	+3.2	+3.7
27	-5.3	-4.3	-3.7	-2.7	+2.2	+2.7	+3.2	+3.7
28	-5.2	-4.2	-3.6	-2.6	+2.1	+2.6	+3.1	+3.6
29	-5.1	-4.1	-3.6	-2.6	+2.1	+2.6	+3.1	+3.6
30	-5.0	-4.0	-3.5	-2.5	+2.0	+2.5	+3.0	+3.5

$R_{m\alpha}$	检测角度							
	向上				向下			
	90°	60°	45°	30°	−30°	−45°	−60°	−90°
31	−4.9	−4.0	−3.5	−2.5	+2.0	+2.5	+3.0	+3.5
32	−4.8	−3.9	−3.4	−2.4	+1.9	+2.4	+2.9	+3.4
33	−4.7	−3.9	−3.4	−2.4	+1.9	+2.4	+2.9	+3.4
34	−4.6	−3.8	−3.3	−2.3	+1.8	+2.3	+2.8	+3.3
35	−4.5	−3.8	−3.3	−2.3	+1.8	+2.3	+2.8	+3.3
36	−4.4	−3.7	−3.2	−2.2	+1.7	+2.2	+2.7	+3.2
37	−4.3	−3.7	−3.2	−2.2	+1.7	+2.2	+2.7	+3.2
38	−4.2	−3.6	−3.1	−2.1	+1.6	+2.1	+2.6	+3.1
39	−4.1	−3.6	−3.1	−2.1	+1.6	+2.1	+2.6	+3.1
40	−4.0	−3.5	−3.0	−2.0	+1.5	+2.0	+2.5	+3.0
41	−4.0	−3.5	−3.0	−2.0	+1.5	+2.0	+2.5	+3.0
42	−3.9	−3.4	−2.9	−1.9	+1.4	+1.9	+2.4	+2.9
43	−3.9	−3.4	−2.9	−1.9	+1.4	+1.9	+2.4	+2.9
44	−3.8	−3.3	−2.8	−1.8	+1.3	+1.8	+2.3	+2.8
45	−3.8	−3.3	−2.8	−1.8	+1.3	+1.8	+2.3	+2.8
46	−3.7	−3.2	−2.7	−1.7	+1.2	+1.7	+2.2	+2.7
47	−3.7	−3.2	−2.7	−1.7	+1.2	+1.7	+2.2	+2.7
48	−3.6	−3.1	−2.6	−1.6	+1.1	+1.6	+2.1	+2.6
49	−3.6	−3.1	−2.6	−1.6	+1.1	+1.6	+2.1	+2.6
50	−3.5	−3.0	−2.5	−1.5	+1.0	+1.5	+2.0	+2.5

注：1. 当 $R_{m\alpha}$ 小于 20 或大于 50 时，分别按 20 和 50 查表；

2. 表中未列入的相应于 $R_{m\alpha}$ 的修正值 $R_{a\alpha}$，可用内插法求得，精确到 0.1。

3）混凝土浇筑面修正

当回弹仪以水平方向检测混凝土浇筑面表面和底面时，测得的平均回弹值应按式（2-17）与式（2-18）进行修正：

$$R_m = R_m^t + R_a^t \tag{2-17}$$

$$R_m = R_m^b + R_a^b \tag{2-18}$$

式中　R_m^t、R_m^b——水平方向检测混凝土浇筑表面、底面时，测区的平均回弹值，精确到 0.1；

R_a^t、R_a^b ——混凝土浇筑表面、底面回弹值的修正值，应按表2-2取值。

表2-2 不同浇筑面的回弹值修正值

R_m^t 或 R_m^b	表面修正值（R_a^t）	底面修正值（R_a^b）	R_m^t 或 R_m^b	表面修正值（R_a^t）	底面修正值（R_a^b）
20	+2.5	-3.0	36	+0.9	-1.4
21	+2.4	-2.9	37	+0.8	-1.3
22	+2.3	-2.8	38	+0.7	-1.2
23	+2.2	-2.7	39	+0.6	-1.1
24	+2.1	-2.6	40	+0.5	-1.0
25	+2.0	-2.5	41	+0.4	-0.9
26	+1.9	-2.4	42	+0.3	-0.8
27	+1.8	-2.3	43	+0.2	-0.7
28	+1.7	-2.2	44	+0.1	-0.6
29	+1.6	-2.1	45	0	-0.5
30	+1.5	-1.0	46	0	-0.4
31	+1.4	-1.9	47	0	-0.3
32	+1.3	-1.8	48	0	-0.2
33	+1.2	-1.7	49	0	-0.1
34	+1.1	-1.6	50	0	0
35	+1.0	-1.5	—	—	—

注：1. R_m^t 或 R_m^b 小于20或大于50时，分别按20和50查表；

　　2. 表中有关混凝土浇筑表面的修正系数，是指一般原浆抹面的修正值；

　　3. 表中有关混凝土浇筑底面的修正系数，是指构件底面与侧面采用同一类模板在正常浇筑情况下的修正值；

　　4. 表中未列入的相应于 R_m^t 或 R_m^b 的修正值 R_a^t 和 R_a^b，可用内插法求得，精确到0.1。

当检测时回弹仪为非水平方向且测试面为非混凝土的浇筑侧面时，应先按表2-1对回弹值进行角度修正，再按表2-2对修正后的回弹值进行浇筑面修正。

4）混凝土强度换算

测得混凝土回弹值与碳化深度后，还需利用测强曲线计算出混凝土强度换算值。混凝土强度换算值可采用统一测强曲线、地区测强曲线、专用测强曲线三类测强曲线计算。在实际检测过程中，各检测单位可按专用测强曲线、地区测强曲线、统一测强曲线的次序选用测强曲线。

2. 构件或结构混凝土抗压强度推定

1）混凝土强度平均值与标准差

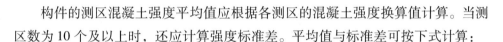

构件的测区混凝土强度平均值应根据各测区的混凝土强度换算值计算。当测区数为 10 个及以上时，还应计算强度标准差。平均值与标准差可按下式计算：

$$m_{f_{cu}^c} = \frac{\sum_{i=1}^{n} f_{cu,i}^c}{n} \tag{2-19}$$

$$S_{f_{cu}^c} = \sqrt{\frac{\sum_{i=1}^{n} (f_{cu,i}^c)^2 - n(m_{f_{cu}^c})^2}{n-1}} \tag{2-20}$$

式中　$m_{f_{cu}^c}$——构件测区混凝土强度换算值的平均值（MPa），精确至 0.1MPa；

　　　n——对于单个检测的构件，取该构件的测区数；对于批量检测的构件，取所有被抽检构件测区数之和；

　　　$S_{f_{cu}^c}$——构件测区混凝土强度换算值的标准差（MPa），精确至 0.01MPa。

2）混凝土抗压强度推定值

构件的混凝土强度推定值是指相应于强度换算值总体分布中保证率不低于 95% 的构件的混凝土抗压强度值，构件的现龄期混凝土强度推定值（$f_{cu,e}$）可按以下要求计算。

（1）当构件测区数少于 10 个时，应按下式计算：

$$f_{cu,e} = f_{cu,min}^c \tag{2-21}$$

式中　$f_{cu,min}^c$——构件中最小的测区混凝土强度换算值。

（2）当构件的测区强度值中出现小于 10.0MPa 时，应按下式确定：

$$f_{cu,e} < 10.0MPa \tag{2-22}$$

（3）当构件测区数不少于 10 个时，应按下式计算：

$$f_{cu,e} = m_{f_{cu}^c} - 1.645 S_{f_{cu}^c} \tag{2-23}$$

（4）当批量检测时，应按下式计算：

$$f_{cu,e} = m_{f_{cu}^c} - k S_{f_{cu}^c} \tag{2-24}$$

式中　k——推定系数，宜取 1.645。当需要进行推定强度区间时，可按国家现行有关标准的规定取值。

对按批量检测的构件，当该批构件混凝土强度标准差出现下列情况之一时，该批构件应全部按单个构件检测：

（1）当该批构件混凝土强度平均值小于 25MPa、$S_{f_{cu}^c}$ 大于 4.5MPa 时；

（2）当该批构件混凝土强度平均值不小于 25MPa 且不大于 60MPa、$S_{f_{cu}^c}$ 大于 5.5MPa 时。

2.2 钻芯法

钻芯法是利用钻芯机从混凝土中钻取芯样,利用芯样强度对混凝土质量进行评估的现场检测方法。与其他的检测方法相比较,钻芯法从混凝土内部钻取芯样,利用芯样抗压强度对现场混凝土质量进行评估,是一种直观、可靠、准确的现场检测方法。当发生以下几种情况时,都可以采用钻芯法对现场构件进行检测。

① 对试块抗压强度结果有怀疑时;

② 因材料、施工或养护不当而发生混凝土质量问题时;

③ 混凝土遭受冻害、火灾、化学侵蚀或其他损坏时;

④ 需检测经多年使用的建(构)筑物中混凝土强度时。

需要注意的是,钻芯法检测时需要从构件上钻取一定数量的芯样,或多或少都对现场检测对象造成一定程度的破坏,究其实质,钻芯法是一种半破损或微破损的现场检测方法。近年来,国内大多主张将钻芯法与回弹法等其他现场无损检测方法相结合,综合评判构件的混凝土强度。一方面,利用无损检测的办法,减少钻取芯样对现场检测对象的破坏;另一方面,利用钻芯法的可靠性,提高现场检测精度。

钻芯法主要适用于 C10 以上的混凝土。如混凝土强度过低或龄期过短,钻取的芯样常常比较粗糙,对混凝土芯样的损伤较大,有时甚至无法取出完整的芯样,无法有效地保证检测结果的准确性。

2.2.1 检测设备

1. 钻芯机

钻芯机是钻芯法检测的基本试验设备,其主要作用是从现场混凝土内部取合格的芯样。由于被钻芯检测的混凝土强度等级、孔径大小、钻孔位置以及操作环境等因素变化很大,在不同的工作条件下,需要不同规格的钻芯机。通常,钻芯机可分为轻便型、轻型、重型或超重型几种类型。

1) 轻便型钻芯机

轻便型钻机体积小、质量轻,适合于工地作业。这种钻机主要用于水、暖、电、煤气、空调管道安装孔和机械设备地脚螺栓孔的钻孔需要,以及混凝土内部缺陷的取样检验。也可用于其他非金属材料诸如耐火材料、光学玻璃、大理石、岩石、砖彻体等的钻孔工作。

2）轻型钻机

这种钻机的体积和质量比轻便型钻机稍大或稍重，电动机的功率一般为 2kW 以上，通常它以钻取混凝土芯样为主，也可用于其他非金属材料的钻孔工作。

3）重型（或超重型）钻机

这种钻机钻孔直径大、功率大、质量重，钻机体积也大，而主轴的钻速则较低，它主要用于通过建筑物的大型管道的钻孔工作。

各种钻芯机的技术参数如表 2-3 所示。

表 2-3　钻芯机技术参数

类型	钻孔直径（mm）	钻速（r/min）	功率（kW）	质量（kg）	高度（mm）
轻便型	12 ~ 75	600 ~ 2000	1.1	25	1040
轻型	25 ~ 200	300 ~ 900	2.2	89	1190
重型	200 ~ 450	250 ~ 500	4.0	120	1800
超重型	330 ~ 700	200	7.5	300	2400

目前国内生产的钻芯机基本能够满足使用需要，但是也有一些单位采用岩石钻机和地质钻头进行混凝土的取芯工作。因钻机振动较大，钻头胎体厚，取出的芯样表面粗糙不平。这种芯样对混凝土强度有多大的影响目前还没有系统的试验数据加以说明，因此暂不宜采用。

钻芯机主要由机架、驱动部分、减速部分、进钻部分及冷却和排渣系统五部分组成。

1）机架

机架是整个机械各个部分的联系和支撑部件，一般由底座与主柱等部分组成。根据工作时各种取芯机固定方法的不同，在机架上还装有撑杆（用以顶在上部结构物上，使取芯机稳定工作）和固定螺丝（用以套在已打入混凝土中的膨胀螺栓上，使整个取芯机通过膨胀螺栓牢固地固定在被钻混凝土表面，这种固定方式的取芯机可附着于各种角度的混凝土表面上工作）。

2）驱动部分

驱动部分是钻芯机的动力源，由于工程现场一般均有电源供应，因此大部分采用电动机，但为了在远离电源的情况下能够使用，有时也采用轻便型柴油机作为动力源。

3）减速部分

据研究表明，钻头钻切点的速度以 3～5m/s 为宜。因此，驱动部分均通过减速器与钻芯机主轴相连，变速系统最好设计为可调式，以便根据钻进情况调节钻速。

4）进钻部分

进钻部分由齿条、滑块、齿轮和操纵手柄组成，用以推进钻头。

整个进钻系统以及驱动和调速系统等各部件均应配合良好，确保主轴在进钻时的经向跳动不超过 0.1mm，钻芯时的噪声应不大于 90dB，钻头的径向跳动应不超过 1.5mm。

进钻系统一般为垂直作业，但有些钻机可调整方向，以任意角度钻进，满足不同取样部位的要求，附着式固定的钻孔取样机进钻方法取决于附着面的方向，始终沿与附着面垂直的方向进钻。

5）冷却和排渣系统

一般以通水冷却，水从入水口流入，通过钻头及切槽流出。一方面是为了防止金刚石钻头温度升高，一般来说，当温度超过 450℃时，金刚石极可能石墨化而降低强度，而且金刚石与钻头胎体的嵌接强度也下降，以致烧坏钻头。另一方面是为了排出钻屑，以利于钻刃切削新的表面，提高钻进速度。

冷却水的水量由入水口上的阀门控制。其大小与钻进速度和钻头直径成正比，以达到钻渣能快速排出，又不致使水四处飞溅为宜。出水温度不宜超过 30℃，出水速度一般为 3～5L/min。

钻芯机具操作及芯样加工应由熟练的工作人员完成，并应遵守国家有关安全技术、劳动保护条例的规定。

2. 金刚石薄壁钻头

金刚石薄壁钻头主要由人造金刚石或天然金刚石、金属胎料与钻头筒体三大部分组成。根据钻头冷却方式的不同，可分为外冷式与内冷式两大类型，现场检测以内冷式居多。人造金刚石薄壁钻头硬度大，切割效率高，钻取的芯样表面光滑平整，已在钻芯法现场检测中得到了广泛的应用。

为保证芯样质量，钻芯过程中除需采用合格的钻芯机外，还应根据现场检测的需要，选取合适的钻头。如钻头胎体有裂纹、缺边少角、倾斜及喇叭口变形或径向跳动过大，均应不使用，否则不但影响钻头寿命，还影响芯样质量，部分常用人造金刚石薄壁钻头规格如表2-4所示。

表 2-4　常用钻头规格　　　　　　　　　　（mm）

名称	规格		
	外径	内径	长度
内冷式钻头	57	50	350（450）
	82	75	350（450）
	108	100	350（400）
	159	150	350（400）

3. 锯切机

现场钻取芯样后，常需采用锯切机将芯样加工成满足一定长度的抗压试件。为保证加工完成的芯样表面平整光滑并与主轴垂直，一般应采用金刚石锯片，锯片直径要求大于芯样切割厚度 3 倍以上，锯片旋转线速度宜控制为 40～45m/s。

锯切机主要由电动机、锯片、芯样夹具、推移系统及冷却系统五大部分组成。

锯切机按照切割方式主要可以分为两大类型：一类是圆锯片不能移动，但工作台可以移动；另一类是圆锯片平行移动，但工作台不能移动，无论采用哪种形式的锯切机，芯样都必须采用夹紧装置固定，有些小型锯切机没有夹紧装置，只用手扶芯样进行切割。这不仅无法保证芯样质量，还存在较大的安全隐患。

4. 端面补平机具

从现场钻取的芯样经切割加工以后，其端面几何尺寸或平整程度往往都无法达到相关标准要求，此时需要对芯样进行磨平或补平处理。

抗压芯样试件的端面处理，可采取在磨平机上磨平端面的处理方法，也可采用硫黄胶泥或环氧胶泥补平，补平层厚度不宜大于 2mm。抗压强度低于 30MPa 的芯样试件，不宜采用磨平端面的处理方法；抗压强度高于 60MPa 的芯样试件，不宜采用硫黄胶泥或环氧胶泥补平的处理方法。

5. 钢筋探测仪

钢筋探测仪是一种利用电磁感应原理检测钢筋位置的现场检测设备。钻取芯样前，可用钢筋探测仪确定混凝土内部钢筋的准确位置，以避免钢筋等金属物品对芯样或钻芯机具的破坏。目前，国产钢筋探测仪可以比较准确地测定距混凝土表面 10～150mm 范围内的钢筋位置，测试误差为 ±（1～3）mm，可基本满足现场取芯工作的需要。

2.2.2　影响芯样强度的因素

芯样的抗压强度除了取决于混凝土本身的质量以外，还受其他试验条件的影响。芯样的尺寸、端部的状态、芯样形状、干湿状态、是否含有钢筋、钻取方向等因素都对其有较大的影响。在进行芯样抗压试验以前，必须确立一种标准状态，使芯样试验条件基本一致。当芯样与标准状态有差异时，应对试样进行加工，或对试验结果进行经验型修正。

1. 芯样的尺寸

圆柱体试件尺寸效应对其抗压强度有显著的影响。试验研究表明，在抗压试验中，使用直径为 100mm 的芯样试件样本的标准差相对较小，使用小直径芯样试件可能会造成样本的标准差增大，因此宜使用直径为 100mm 的芯样试件确定混凝土抗压强度值。编制组的试验结果表明，直径为 70～75mm 的芯样试件抗压强度值的平均值与直径为 100mm 的芯样试件抗压强度值的平均值基本相当。因此，抗压芯样试件宜使用直径为 100mm 的芯样，且其直径不宜小于骨料最大粒径的 3 倍。当构件中钢筋较密、构件较小或钻孔孔径对构件工作性能有较大影响时，也可使用小直径芯样试件，但其直径应不小于 70mm 且不得小于骨料最大粒径的 2 倍。

当进行芯样抗压试验时，芯样上下板面与试验机上下压板之间的摩擦力造成"环箍效应"，使芯样的高径比对试验结果产生较大的影响，高径比越大，则测得的抗压强度值越低。因此相关标准规定以一定高径比对不同高径比的芯样试验强度值进行修正。

在钻芯过程中，由于受到钻机振动、钻头偏摆等因素的影响，芯样的直径在各个方向上并不十分均匀，故通常用平均直径表示其直径。测量芯样平均直径时，应用游标卡尺在芯样试件上部、中部和下部相互垂直的两个位置上共测量六次，取测量的算术平均值作为芯样试件的直径，精确至 0.5mm。

芯样高度可采用钢卷尺或钢板尺进行测量，精确到 1.0mm。

2. 芯样端面与轴线之间的垂直度

偏差过大会降低芯样抗压强度。试验证明，当垂直度不超过 1°时，对试验结果影响不明显。因此，芯样的垂直度应控制在 1°以内。

垂直度可用游标量角器测量两个端面与母线的夹角，精确到 0.1°，测量时将游标量角器的两只脚分别紧贴于芯样侧面和端面，测出其最大偏差，一个端面测完后再测另一个端面。

3. 钢筋

若芯样试件中存在钢筋，将会对抗压试验结果产生较大的影响。其影响程度因钢筋在芯样试件中的位置不同而不同。与芯样轴线平行的纵向钢筋将严重影响芯样抗压强度，因此，芯样试件中不允许存在与芯样轴线平行的纵向钢筋。与芯样轴线垂直的横向钢筋对芯样抗压强度的影响较为复杂。若钢筋较细，其影响相对较小，甚至还有一定的防止芯样横向膨胀的作用，但如果钢筋位于芯样周边附近时，会使芯样抗压强度有较大程度的降低。因此《钻芯法检测混凝土强度技术规程》（JGJ/T 384）规定抗压芯样试件内不宜含有钢筋。也可有一根直径不大于 10mm 的钢筋，且钢筋应与芯样试件的轴线垂直并离开端面 10mm 以上。

4. 芯样的干湿状态

芯样的含水状态对其抗压强度有较大的影响。为了使芯样具有较好的代表性，在进行芯样抗压强度时，可采用与现场结构混凝土一致的干湿条件。

5. 芯样端面状态

用钢板尺或角尺紧靠在芯样端面上，一面转动钢板尺，一面用塞尺测量与芯样端面之间的缝隙。芯样端面如果不平整，会使试件与压力机之间局部接触，因而导致应力集中，使实测强度偏低。

当芯样表面不平整时，通常可采用硫黄胶泥或环氧胶泥对其进行补平，补平后的芯样应满足相关标准规范要求，当芯样尺寸偏差或外观质量超过以下要求时，芯样一般不得用于抗压试验：

（1）抗压芯样试件的实际高径比（H/d）要求小于高径比的 0.95 或大于 1.05 倍；

（2）抗压芯样试件端面与轴线的不垂直度超过 1°；

（3）抗压芯样试件端面的不平整度在每 100mm 长度内超过 0.1mm；

（4）沿芯样试件高度的任一直径与平均直径相差超过 1.5mm；

（5）芯样有较大缺陷。

2.2.3　芯样制作

根据我国现行的《钻芯法检测混凝土强度技术规程》（JGJ/T 384），现场取样的钻芯机应具有足够的刚度，操作灵活，固定和移动方便，并应有水冷却系统，钻芯机主轴的径向跳动应不超过 0.1mm，工作时噪声应不大于 90dB。钻取芯样时，应采用内径为 100mm 或 75mm 的金刚石或人造金刚石薄壁钻头。钻头胎体应不有肉眼可见的裂缝、缺边、少角、倾斜或喇叭口变形。钻头胎体对钢体的同心度偏差应不大于 0.3mm，钻头径向跳动应不大于 1.5mm。

在现场取样工作中，由于钻芯时需要大量的供水冷却，应特别注意操作安全，以免发生触电等意外事故。若钻芯机主轴跳动过大或钻头有明显缺陷，不但无法保证芯样质量，还可能引发意外事故。

在进行钻芯取样前，应了解工程相关信息，并据此确定检测部位与芯样直径。由于钻芯法属于局部破损检测法，确定检测部位时，应尽量避开钢筋密集区及重要受力区域，以免影响结构安全。对于使用预拌混凝土的工程，其粗骨料粒径一般相对较小，在多数情况下，直径为100mm的芯样已基本可满足相关要求。

若取样部位混凝土中有钢筋存在，可用钢筋探测仪探测钢筋位置，在混凝土表面用粉笔画出钢筋的具体位置，避开钢筋钻取芯样。

确定钻芯位置以后，可采用合适的安装方式将钻芯机固定在钻芯位置。初步固定钻芯机以后，可适当调整底座四角的螺丝，一方面，可使钻头轴线与混凝土表面垂直，以保证钻头四周受力均匀，顺利进钻；另一方面，适当的张力可保持钻芯机在钻芯过程中保持稳定，以免振动影响芯样质量。钻芯机固定的好坏对钻取的芯样质量有很大的影响。若钻芯机固定不当，钻芯过程中钻头易发生跳动，导致芯样表面凹凸不平、芯样折断或发生卡钻等现象。

在进行正式钻芯之前，为保障工作安全，应确保现场供电、供水正常。钻芯机安装平稳，固定牢靠，不至于在钻芯过程中发生振动、偏移、跌落。钻头应以慢速接近混凝土表面，待钻头在混凝土表面钻出浅槽以后，将钻机开至快速并加压进钻。当钻头钻到预定深度时，不能立即停电、停水，若立即停电、停水，很可能发生钻头被卡死的情况，此时应保持正常钻芯状态，反向转动手柄，将钻头从芯孔中缓慢退出，待钻头完全移出时，方可停电、停水。

对于较薄的结构，一般都采用钻透取芯。当结构较厚时，钻头钻到预定深度即可移出，可用一个弧度和钻头相同的带梢钢钎插入缝隙中，用小锤轻轻地敲打钢钎，芯样即会从底部折断，然后用细钢丝套或专用夹具插入缝隙中，即可将芯样从孔中取出。

芯样取出晾干以后，应标上芯样编号，并记录对应的取芯构件名称、取芯位置、芯样长度与外观质量等，必要时还可以拍摄现场照片等。如发现不符合制作芯样试件的情况，应另行钻取。芯样在搬运之前应采用海绵、草袋或水泥袋等隔震材料仔细包装，以免碰坏。

钢筋的存在对芯样强度的影响是一个复杂的问题。钻芯过程中应尽量避免芯样中存有钢筋，但实际现场操作很难完全避免钢筋的存在。因此，《钻芯法检测混凝土强度技术规程》（JGJ/T 384）规定抗压芯样试件内不宜含有钢筋，也可有一根直径不大于10mm的钢筋，且钢筋应与芯样试件的轴线垂直并距离端面10mm

以上。

为了保证钻芯机、锯切机等设备正常工作，除应定期检修以外，每次钻芯工作结束以后，应及时卸下钻头等零部件，仔细擦去污物水迹，并应在齿条、导轨等处涂油防锈。

钻芯结束后，一般可采用强度高于原构件的细石混凝土对现场留下的孔洞及时进行修补，也可使用无收缩水泥基高强灌浆料进行修补。修补时应注意清除孔洞内污物，以保证修补混凝土与孔洞结合紧密。通常，修补后的构件的承载能力要较钻芯前低，故尽量少在构件相邻区域上进行连续钻芯取样，更不宜在邻近区域进行密集地钻芯取样。

对单个混凝土构件进行强度检测时，取芯数量一般应不少于 3 个，且芯样位置应相对比较分散，不宜在邻近区域多次取样；当取芯数量过多可能会影响到结构安全时，也可仅取两个芯样。对于构件的局部区域进行检测时，应由要求检测的单位提出具体的取芯位置与芯样数量。

因现场钻取的芯样往往是长短不齐或两端较为粗糙，若要进行抗压强度试验，还需对芯样端面进行进一步的切割加工与补平。

切割芯样时，将芯样固定在切割机工作台上，使芯样的轴线与金刚石圆锯片相垂直，切割时锯片线速度控制在 40～45m/s。由于芯样切割过程中会产生高温，此时应注意保证冷却降温，冷却水应直接注入切割面上，另外，由于在切割过程中需要大量的冷却水，应注意冷却水的安全排放，防止发生触电等安全事故。

芯样在切割过程中，往往会受到振动、夹持不紧、偏斜等因素的影响，芯样端面的平整度及垂直度无法满足试验要求，此时还需用专用器械对芯样进行补平处理。

芯样端面补平可用硫黄胶泥或环氧胶泥补平，补平层厚度不宜大于 2mm。抗压强度高于 60MPa 的芯样试件，不宜采用硫黄胶泥或环氧胶泥补平的处理方法。要力求补平层最薄，以消除补平层对抗压强度的影响。

硫黄胶泥补平方法：

硫黄胶泥补平一般多用于自然干燥状态下抗压试验的芯样试件补平，采用硫黄胶泥对芯样进行补平前，先将芯样端面的污物清除干净，然后将芯样垂直地夹持在补平器的夹具中，并提升到一定高度，如图 2-2 所示。

为防止硫黄胶泥与补平器底盘粘结，可在底盘上涂一层稀薄、均匀的矿物油或其他脱模剂。

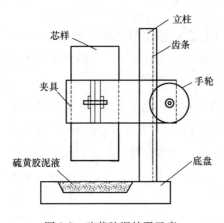

图 2-2　硫黄胶泥补平示意

将硫黄胶泥置于容器中加热、溶化。当温度上升到 150℃时，硫黄胶泥溶液逐渐由黄色变成棕色时，将硫黄胶泥溶液倒入补平器底盘中，同时转动手轮使芯样下移并与底盘接触，待硫黄胶泥凝固以后，反向转动手轮，将芯样提起，打开夹具取出芯样，并采用相同方法补平该芯样另一端面。

进行硫黄胶泥补平的补平器底盘要求机械加工平整，每长 100mm 的不平整度不超过 0.5mm。

2.2.4　芯样混凝土强度试验

芯样抗压试验可按现行国家标准《混凝土物理力学性能试验方法标准》（GB/T 50081）中对立方体试样抗压试验的规定进行。试验时应注意保持芯样与被测构件湿度基本一致。如结构物比较干燥，芯样应在室内自然干燥 3d 以上再进行抗压试验；如结构比较潮湿，芯样应在 (20±5)℃清水中浸泡 40～48h，从水中取出擦拭后立即进行抗压试验。

进行抗压试验时，芯样测得的芯样强度应换算成对应于测试龄期、边长为 150mm 的立方体试件抗压强度值。

芯样试件的混凝土强度换算值可按式（2-25）计算：

$$f_{cu,cor} = \beta_c \frac{F_c}{A_c} \tag{2-25}$$

式中　$f_{cu,cor}$——芯样试件抗压强度值（MPa），精确至 0.1MPa；

F_c——芯样试件抗压试验的破坏荷载（N）；

A_c——芯样试件抗压截面面积（mm²）；

β_c——芯样试件强度换算系数，取 1.0。

当有可靠试验依据时，芯样试件强度换算系数 β_c 也可根据混凝土原材料和施工工艺情况通过试验确定。

单个构件或单个结构的局部区域可用芯样试件强度换算值中的最小值作为其代表强度或强度推定值。

2.3　超声回弹综合法

无损检测技术在保障结构的安全服役、提高产品质量等方面发挥着越来越重要的作用。可以用于构件无损检测的技术也很多。但每一种检测技术都存在着一定的局限性。单独使用某一检测方法，得到的信息量有限并且都会伴随着可观的干扰信息。不同物理特性的传感器从不同方面反映了被测物体的特征，而来自具有不同物理特性的探测器的原始信息反映了被测对象的不同特性，因而有可能相互补充，形成对被测对象的更准确的反映。将多个信息源互相补充，可以提高无损检测技术的准确性和可靠性。这就是无损检测中的信息融合技术。

混凝土构件强度的超声回弹综合测试法是信息融合技术的一个应用。它融合了回弹与超声两种技术，其中，超声波的传播特性和回弹是两个不同的物理过程，通过不同的物理量反映混凝土构件的内部特征。在分析超声波的传播特性时，超声波的传播路径上的所有区域都会对声速、波形、频谱特性等产生影响，因此可以认为超声波的传播特性反映了构件厚度方向上的信息。而构件中的同一特征处于不同位置时对回弹值的影响很大，离构件的表面越远则影响越小。因此如果将这两种方法结合起来，可以使得测试更全面、更准确。

2.3.1　混凝土对超声波传播的影响

混凝土的强度是指其抵抗外力所引起的破坏的能力。具有不同强度的混凝土中超声波的传播行为有所不同，同一混凝土结构中，强度不相同的区域超声波的传播行为也不相同。所以，可以根据超声波的传播特性来分析混凝土的强度，从而为分析整体结构的强度提供重要的信息。

混凝土虽然和金属材料同为固体，但两者的力学性能相差很多，混凝土是一种弹-黏塑性体，其弹性性能和黏塑性性能都会影响超声波的传播，使得超声波的声速、振幅、频谱特性、波形等发生变化。

由式（2-26）可知，纵波在无限大固体介质中传播的声速为：

$$c_{\mathrm{L}} = \sqrt{\frac{E}{\rho}} \times \sqrt{\frac{1-\nu}{(1+\nu)(1-2\nu)}} \qquad (2\text{-}26)$$

式中　c_{L}——纵波波速；

　　　E——弹性模量；

　　　ρ——介质密度；

ν——泊松比。

上式说明在混凝土中的纵波声速与其弹性性能有关。声速还受混凝土中空隙、孔洞等影响。研究表明，弹性模量大的混凝土的声速大，密实程度高的混凝土的声速也大。而弹性模量大、密实程度高的混凝土的强度也高，所以混凝土的声速也随着强度的增高而增大，即混凝土的强度与其声速间存在着很好的单调递增关系。

大量的试验表明，混凝土的强度 F 与超声波通过该混凝土时的速度 v 之间的关系可以表示为：

$$F = Av^n \tag{2-27}$$

式中　A、n ——试验数据的拟合常数；

　　　v ——超声波通过该混凝土时的速度。

对于厚度为 l 的混凝土，如果测出超声波通过该混凝土的渡越时间为 t，速度 v 即：

$$v = \frac{l}{t} \tag{2-28}$$

超声波在不同的混凝土中传播相同距离后，其引起振动的振幅会有所不同。混凝土中如果存在空隙、孔洞、裂缝等不连续体，超声波传播的路径会发生变化，使得超声波的振幅降低。为检测而激发的超声波一般不会是单一频率，往往包含很丰富的频率成分。相对于低频成分而言，高频成分更易于被混凝土吸收和散射，使得高频超声波衰减的程度大于低频超声波，因此混凝土具有高频过滤的特性。随着超声波传播距离的增加，高频成分相应减少，从而使得超声波的主频逐渐下降。因此，对混凝土中超声波频谱的变化进行比较，也可以分析混凝土的强度和缺陷。

波形的变化也可以用于混凝土强度的分析。但这里的"波形"并不是超声波在混凝土中传播的形式，而是指超声波通过混凝土后在示波器上显示的接收波的形状。在超声波的传播路径上，空隙、孔洞、裂缝等会使得超声波发生反射、散射和绕射等现象，产生直达波、反射波、绕射波等多种波，其频率和相位非常复杂，相叠加而形成的波形状也会产生变化，通过研究波形的变化可以推测混凝土结构对超声波传播的影响，进而分析混凝土的强度。

2.3.2　测试系统

1. 超声波换能器

超声波在混凝土中传播时的衰减较大，在检测时常采用 500kHz 以下的低频超声波，且选用的频率随测量距离的增加而减小，强度越低的混凝土对超声波的衰减作用越明显，所以对质量较差的混凝土选用的频率也应较低，早龄期混凝土对超声波的衰减也很大，所以也应选用较低频率超声波。频率的选择还要考虑被测结构的横截面大小。横截面尺寸越大，其边界对超声波传播的影响越小，一般横截面的最小尺寸应至少比超声波的波长大 2 倍。普通混凝土测距在 100 ~ 200mm 时换能器频率可选用 100 ~ 200kHz，测距在 200 ~ 1000mm 时换能器频率可选用 50 ~ 100kHz，测距在 1000 ~ 3000mm 时可选用 50kHz 的换能器。

混凝土检测用得比较多的是纵波换能器，主要有平面纵波换能器和径向纵波换能器。平面纵波换能器所产生的超声波与用于金属材料结构检测的超声波类似，其声束主要沿与换能器相垂直的方向传播。径向纵波换能器中的压电陶瓷在工作时主要做径向振动，以满足在混凝土结构的孔或管中进行测试的要求。

平面纵波换能器常用的形式有普通平面换能器和夹心式平面换能器两种。普通平面换能器与金属结构所用换能器的结构差不多。其压电片多采用压电陶瓷材料，频率较低。并且在混凝土测试分析中多以首波作为研究对象，对发射时脉冲的宽度要求不高，可省去吸收块。

混凝土检测中较低频率的超声波多采用夹心式平面换能器产生和接收。根据超声波的波长与压电片厚度间的关系可知，频率越低，波长越长，所需要的压电片的厚度也越大。为了使得很厚的压电片能正常工作，人们采用了所谓"夹心式"结构。这种换能器的主要结构包括较重的金属块、压电片和较轻的金属块三部分。压电片被重、轻两块金属块紧紧夹住。重金属块常用钢制作，称为配重块，置于压电片上方；轻金属块常用硬铝制作，称为辐射体，置于压电片下方。这样的结构使得压电片振动的大部分能量向辐射体传播，在换能器的前方产生测试工作所需要的低频超声波。

径向管状换能器采用压电陶瓷做成管状换能器，在管状换能器的内、外壁之间施加电压，通过压电陶瓷 d_{31} 和 d_{33} 的作用，将产生轴向和径向变形，形成径向纵波。同样，管壁受到外来的超声波的声压作用时，也会把声压传递给压电陶瓷，产生相应的电信号。这种换能器经常用于结构物的钻孔检测和有声测导管的灌注桩检测，为了使得超声波能和结构很好地耦合，多在钻孔或导管中注水，因此换能器必须良好密封、绝缘。

2. 超声波检测仪

混凝土超声检测中，声速是一个非常重要的参数，声速主要按式（2-28）进行测试。因此，用于混凝土检测的超声波检测仪中测量超声波通过混凝土结构的时间（声时）的单元尤为重要。常用的混凝土超声波检测仪声时的测读主要采用手动游标关门测读和自动整形关门测读两种方法。

超声波检测仪能以一定的重复频率（通常是50Hz或100Hz）重复发射超声脉冲波，使得接收到的超声信号能够稳定地显示在荧光屏上。检测仪上有游标和相应的控制旋钮，仔细调节游标旋钮，使得游标脉冲的前沿恰好与接收波的首波前沿重合，检测仪测量自发射脉冲至游标脉冲间的时间间隔，由面板数码管显示，称为仪器测读时间，单位为微秒，如图2-3所示。

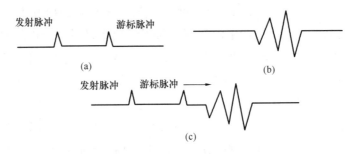

图2-3　声时手动调节游标关门测读

（a）无接收波输入；（b）接收波波形；（c）将游标脉冲调至与接收波首波重合

一般混凝土中声速为4000～4500m/s，被测构件的厚度为十几厘米或几十厘米，声时为数十微秒，稍不仔细就会产生较大的误差。为减小误差，要特别注意两个细节：一是在调节游标旋钮时，要准确判断首波前沿，使游标前沿处的扫描水平基线处于接收波将要向下弯曲（或向上弯曲）而未弯曲的临界状态，使得仪器计时门能准确地在接收波出现时刻关闭；二是将接收波形展宽，以减小测读误差。

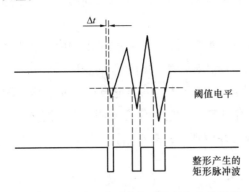

图2-4　自动整形测读声时及所产生的误差

超声波检测仪还能通过自动整形、关门的方式测读声时，其原理如图2-4所示。检测仪接收到通过混凝土构件后的超声波，将接收波放大并送入整形电路，产生相应的方波，并由第一个方波脉冲自动触发计时门控，使其关闭并停止记数，检测仪测量自发射脉冲开始至记数停止时的时间间隔。这种声时测读方法操作较简单，只要将测读选择开关置于"自动"挡即可。但这种方法会产生较大的误差。从图 2-4 中可见，接收波刚产生时并不会立即产生整形方波，只有当接收波的振幅逐步增大，达到整形阈值时才产生整形脉冲，因此关门信号的产生落后于接收波的到达，使得测得的声时偏大。另外，如果测距较长、混凝土强度较低，或者超声波检测仪的系统增益过小，都会使得首波的第一个半波的振幅达不到整形阈值，没有产生相应的方波脉冲触发计时门控，则只能由第二个半波产生关门信号，这称为"丢波"现象。如果第二个半波的振幅也达不到整形阈值，只能由第三个半波产生关门信号。由此可见，自动测读更适用于测距较短、混凝土质量较好、接收波信号较强的情况，否则所测读的声时比实际声时长，测得的声速偏慢。

3. 测试系统的调节

由式（2-24）可知，通过声速推定混凝土的强度时，声速微小的差异就会给测试结果带来较大的变化。要准确测试声速，就要准确测试读声时。超声波检测仪测量的实际上是以超声波发射为开始点，以得到接收波为结束点的时间间隔。相对于超声波在混凝土中传播所用时间而言，这个时间间隔还包括了系统的电延迟、电声转换时间和声延迟等部分，因此测读声时要比超声波的实际传播时间略长，两者之差称为声时零读数，常用符号 t_0 表示。

检测系统在产生触发电脉冲的同时开始计时，但该信号在作用于压电片的过程中，系统内的触发和转换过程会存在延迟。换能器接收到超声波时，也会有相应的延迟。这些延迟称为系统的电延迟。压电片从接收到电脉冲到产生振动并辐射超声波的过程中的延迟和换能器从接收到超声波到产生相应电信号之间的延迟称为电声转换时间。换能器中的压电片并不直接与被测构件接触，如夹心式换能器中压电片与被测构件间有一个纵向尺寸较大的辐射体，超声波要经过该辐射体后再经过耦合层才进入混凝土中。同样混凝土中的超声波也要经过耦合层和辐射体后才到达压电片，这使得超声波在发、收过程中的声程增加，声时也增大，这一延迟称为声延迟。与前面两种延迟相比，声延迟的影响要大得多。这些因素的综合影响相对于声时的测读精度要求而言是不可忽略的，应加以修正。

消除零读数 t_0 是准确测读声时的前提。目前常用直接面对法、不同距离测量法和标准棒法测试系统的声时零读数 t_0。

直接面对法是将发、收换能器的辐射面通过耦合层直接接触，两者之间除辐射体和耦合层的厚度外的距离为零，即检测对象的厚度为零，超声波检测仪所测得的声时即为每一台换能器的零读数 t_0 的一半。

如果不考虑被测构件的衰减等因素对检测仪所测得的声时的影响，可以认为超声波在同一材料、不同厚度的构件中的声速和零读数是相同的。因此采用某一材料制成不同厚度的构件，分别测出其厚度 h_1、h_2 和通过的声时 t_1、t_2，两构件中的声速应相等，即：

$$\frac{h_1}{t_1 - t_0} = \frac{h_2}{t_2 - t_0} \tag{2-29}$$

从中可得声时零读数：

$$t_0 = \frac{h_1 t_2 - h_2 t_1}{h_1 - h_2} \tag{2-30}$$

标准棒法是目前使用较多的测试声时零读数的方法。由高精度的、声时零读数已知的超声检测系统测读出该棒的超声波传播时间，作为标准值，刻在标准棒的外壁上。在使用某一系统检测混凝土构件时，先用该系统测读标准棒中的超声波传播时间，与标准进行比较，多出部分就是该系统的声时零读数，在测试时直接扣除即可。

采用手动游标关门测读声时和自动整形关门测读声时都会受到接收波幅值的影响。幅值较大时，接收波的前沿较陡，关门信号与首波的起始点间的间隔较小，得到的声时值较小。在测试不同的构件时，接收波幅值的影响较明显。为了减小幅值的影响，应先调节衰减或增益旋钮，将接收波首波的幅值调节为一个确定的高度（比如 30 ~ 40mm），然后在这个统一的首波波高下测读声时，这样可减小接收波的幅值影响。

虽然混凝土检测所用超声波的频率较低，但换能器和被测构件间的空气层也会阻碍超声波的传播。为了减小超声波的损耗，在换能器和被测构件间应通过耦合剂耦合。平面混凝土结构常用的耦合剂是黄油、凡士林等膏状体。对表面较潮湿的混凝土构件，黄油与水不相溶，降低了耦合效果。对这种潮湿表面应采用水溶性耦合剂。

2.3.3　混凝土构件强度的超声回弹综合测试法

1. 影响因素分析

回弹法主要通过回弹值反映构件的强度，超声法可以通过声速、频谱特性等反映构件的强度。根据构件中不同因素对这些物理量的影响规律，将构件的回弹值和声速结合起来，可以减小某些因素的影响程度，使得测得的结果更准确。

在确定回弹值与混凝土构件的强度关系的试验中，构件的强度都是通过试块的破坏试验得到的。试块制成后，都在很短的时间内被压坏，而实际构件在制成后的服役时间很长。因此在通过试块的强度来推测构件的强度时，两者间存在着很大的时间差异。时间差异会带来两个明显的影响因素。一是由于构件长期暴露在空气中，会在其表层产生一个具有一定厚度的碳化层，碳化层对回弹值的影响程度较大，时间越长，碳化层越厚，回弹值也增大。二是构件的含水率的变化，含水率提高，会使得超声波的声速增大。这两个因素都会给采用单一测试方法形成误差。采用回弹值和声速综合法，却有望减小其误差。超声波的声速增长率随混凝土构件的龄期增大而下降，回弹值也会随含水率的增大而降低。因此随着混凝土构件的龄期增大，碳化层和含水率对超声波的声速和回弹值的影响是相反的，综合起来可以减小龄期的影响程度。

选择混凝土浇筑的表面或底面作为测试面时，回弹值和声速所受的影响也存在。所以也应对回弹值和声速进行修正。修正的方法与单独通过回弹值或声速测试构件强度时一样，即回弹值也按规定进行修正，将在混凝土浇筑的表面或底面所测得的声速乘以修正系数 1.034 作为实际声速。

卵石和碎石是混凝土构件中常用的粗骨料，两者的表面形态相差很大。卵石的表面光滑，影响水泥浆的粘结，使得声速降低，但混凝土构件的表层面积中石子所占面积比例增大，有增大回弹值的趋势；碎石影响恰好相反，石子的表面非常尖锐，便于石子与水泥浆的粘结，使得结合界面具有较好的声学性能，会提高声速，但在混凝土构件的表面石子所占面积比例减小，相应地会减小回弹值，卵石和碎石对回弹值和声速的影响与石子的粒径有关。如果石子的粒径小于4.0mm，其综合影响很小，采用综合法可以忽略；如果石子的粒径大于4.0mm，其影响不能忽略，应分别建立强度关系。

2. 强度分析

混凝土构件强度的超声回弹综合测试法需要准确测试构件的超声波传播速度和回弹值两个参数。首先在构件上选取一对侧面作为超声波传播速度的测试面，对该测试面进行预处理后即可确定三对或五对测试点。测试点在测试面上应均匀分布，能代表整个测区的情况。测试时应注意保证发、收换能器的轴线在同一条直线上。取同一测区各测试点的声时的平均值作为计算声速的声时值，即：

$$\bar{t} = \frac{1}{n} \sum_{i=1}^{n} t_i \tag{2-31}$$

再测量超声波传播距离 L，即可得超声被传播速度：

$$v = \frac{L}{\bar{t}} \tag{2-32}$$

因为测试超声波的声速时要将发、收换能器耦合到构件表面上，所以在超声波的测试面上会留下油污，污染构件表面，影响回弹值的测试。所以超声波测试完成后，应将构件表面清理干净，并且换一对侧面作为回弹值的测试面。回弹值的测试和处理与单独采用回弹法测试构件的强度一样。

得到了混凝土构件的超声波传播速度 v 和回弹值 R 两个参数后，就可以通过专用测强曲线、地区测强曲线或统一测强曲线得到构件测区的强度换算值。

采用卵石作为粗骨料时，统一测强曲线可以表示为：

$$F_i = 0.0038 \ (v_i)^{1.23} \ (R_i)^{1.95} \tag{2-33}$$

采用碎石作为粗骨料时，统一测强曲线可以表示为：

$$F_i = 0.008 \ (v_i)^{1.72} \ (R_i)^{1.57} \tag{2-34}$$

式中　F_i——第 i 个测区的强度换算值；

v_i——该测区的超声波传播速度；

R_i——该测区的回弹值。

如果构件所用的材料、成型工艺、状态等与建立测强曲线所用试块有较大程度的不同，可以采用条件相同的试块或从构件中取样进行测试并修正。修正系数为：

$$\eta = \frac{\sum\limits_{i=1}^{n} \dfrac{F_{0i}}{F_{1i}}}{n} \tag{2-35}$$

式中　n——试样数；

F_{1i}——由已确定的测强关系换算得到的抗压强度值；

F_{0i}——通过强度试验得到的抗压强度值。

将构件的换算强度值乘以修正系数 η，就可以得到修正的强度值。

超声回弹综合测试法也可以分为单个检测和批量抽检。对批量抽检的构件，如果同批结构或构件的强度的平均值小于 25MPa、标准差大于 4.5MPa 时应按单个检测处理；平均值不小于 25MPa、标准差大于 5.5MPa 时应按单个检测处理。单个检测的强度推定值 F_e 取为该构件或结构上所有测区的强度换算值中的极小值。批量抽检中，强度第一推定值 F_{e1} 按式（2-33）计算：

$$F_{e1} = \bar{F} - 1.645S \tag{2-36}$$

式中　$\bar{F}$、S——混凝土构件的强度换算值的平均值和标准差。

取该批构件中每个构件的最小测区混凝土强度换算值的平均值作为强度第二推定值 F_{e2}，即：

$$F_{e2} = \frac{1}{n} \sum_{i=1}^{n} F_{i,\min}$$

$$(2\text{-}37)$$

式中　n ——批量抽检的构件数；

$F_{i,\min}$ ——第 i 个构件上所有测区中的强度换算值的最小值。

以强度第一推定值和强度第二推定值中的较大者作为该批构件的强度推定值。

2.4　拔出法

回弹法、钻芯法、超声回弹综合法等现场混凝土强度检测技术虽然在工程中得到了大量使用，但也存在一定的局限性。如回弹法、超声回弹综合法所测试的回弹值、声速值等与混凝土强度并无直接关系，只是反映混凝土强度的间接参数，而且回弹值、声速值等对混凝土强度来说并不是很敏感的参数，在测试中也容易带来误差，因而这两种方法的最大缺点是检测结果的精度不高。在结构物上钻取混凝土芯样直接进行抗压试验无疑是最可靠的强度检验方法，但由于其对结构物有一定的损伤，试验的费用又较高，不宜进行大量的检测。拔出法是一种介于无损检测方法与钻芯法之间的一种操作简单易行，又有足够检测精度的试验方法。具体来说，拔出法主要可以分为预埋拔出法与后装拔出法两大类。

2.4.1　拔出法检测装置

1. 检测装置技术要求

拔出法检测装置由钻孔机、磨槽机、锚固件及拔出仪等组成。钻孔机、磨槽机、锚固件及拔出仪必须具有制造工厂的产品合格证，拔出仪的计量仪表必须具有法定计量部门的校准合格证。

拔出法检测装置可采用圆环式或三点式。

（1）圆环式后装拔出法检测装置的反力支承内径 d_3 宜为 55mm，锚固件的锚固深度 h 宜为 25mm，钻孔直径 d_1 宜为 18mm（图 2-5）。

（2）圆环式预埋拔出法检测装置的反力支承内径 d_3 宜为 55mm，锚固件的锚固深度 h 宜为 25mm，拉杆直径 d_1 宜为 10mm，锚盘直径 d_2 宜为 25mm（图 2-6）。

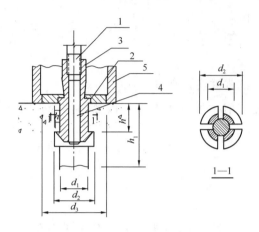

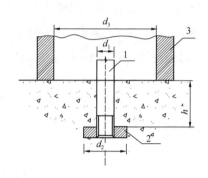

图 2-5　圆环式后装拔出法检测装置

1—拉杆；2—对中圆盘；3—胀簧；4—胀杆；

5—反力支承

图 2-6　圆环式预埋拔出法检测装置

1—拉杆；2—锚盘；3—反力支承

（3）三点式后装拔出法检测装置的反力支承内径 d_3 宜为 120mm，锚固件的锚固深度 h 宜为 35mm，钻孔直径 d_1 宜为 22mm（图 2-7）。

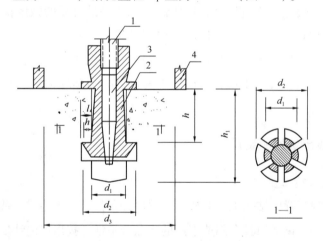

图 2-7　三点式后装拔出法检测装置

1—拉杆；2—胀簧；3—胀杆；4—反力支承

当混凝土粗骨料最大粒径不大于 40mm 时，宜优先采用圆环式拔出法检测装置。

2. 拔出仪

拔出仪由加荷装置、测力装置及反力支承三部分组成。

拔出仪技术性能宜满足以下要求：

（1）测试最大拔出力宜为额定拔出力的20%~80%；

（2）圆环式拔出仪的拉杆及胀簧材料极限抗拉强度应不小于2100MPa；

（3）工作行程对于圆环式拔出法检测装置应不小于4mm；对于三点式拔出法检测装置应不小于6mm；

（4）允许示值误差为±2%$F \cdot S$；

（5）测力装置应具有峰值保持功能。

拔出仪应每年至少校准一次。如遇下列情况之一时，应重新校准：

（1）更换液压油后；

（2）更换测力装置后；

（3）经维修后；

（4）拔出仪出现异常时。

3. 钻孔机和磨槽机

钻孔机宜采用金刚石薄壁空心钻。金刚石薄壁空心钻应带有水冷却装置。钻孔机宜带有控制垂直度及深度的装置。磨槽机由电钻、金刚石磨头、定位圆盘及冷却水装置组成。

2.4.2 后装拔出法检测技术

后装拔出法是在已硬化的混凝土表面钻孔磨槽、嵌入锚固件并安装拔出仪进行拔出法检测，测定极限拔出力，并根据预先建立的极限拔出力与混凝土抗压强度之间的相关关系推定混凝土抗压强度的检测方法。

后装拔出法是二十年前才出现的。它是针对预埋拔出法的缺点，为了对没有埋设锚固件的混凝土也能进行类似的试验，在预埋拔出法的基础上逐步发展起来的。采用后装拔出法进行现场检测时，只要避开钢筋或铁杆位置，在已硬化的新旧混凝土的各种构件上都可以进行。

特别是当现场结构缺少混凝土强度有关试验资料时，是非常有价值的一种检测方法。由于后装拔出法适应性强、检测结果可靠性高，已成为许多国家关注和研究的混凝土强度现场检测技术。我国对后装拔出法研究较多，并已取得了不少科研成果。

最常见的就是采用圆环支撑和三点支撑拔出试验。

1. 测点布置

测点布置应符合下列规定：

（1）按单个构件检测时，应在构件上均匀布置3个测点。当3个拔出力中的最大拔出力和最小拔出力与中间值之差的绝对值均小于中间值的15%时，可仅布置3个测点；当最大拔出力或最小拔出力与中间值之差的绝对值大于中间值的15%（包括两者均大于中间值的15%）时，应在最小拔出力测点附近再加测2个测点；

（2）当同批构件按批抽样检测时，抽检数量应符合现行国家标准《建筑结构检测技术标准》（GB/T 50344）的有关规定，每个构件宜布置1个测点，且最小样本容量不宜少于15个；

（3）测点宜布置在构件混凝土成型的侧面，当不能满足这一要求时，可布置在混凝土浇筑面；

（4）在构件的受力较大及薄弱部位应布置测点，相邻两测点的间距应不小于250mm；当采用圆环式拔出仪时，测点距构件边缘应不小于100mm；当采用三点式拔出仪时，测点距构件边缘应不小于150mm；测试部位的混凝土厚度不宜小于80mm；

（5）测点应避开接缝、蜂窝、麻面部位以及钢筋和预埋件。

2. 钻孔与磨槽

1）在钻孔过程中，钻头应始终与混凝土测试面保持垂直，垂直度偏差应不大于3°。

2）在混凝土孔壁磨环形槽时，磨槽机的定位圆盘应始终紧靠混凝土测试面回转，磨出的环形槽形状应规整。

3）成孔尺寸应符合下列规定：

（1）钻孔直径 d_1 允许偏差为 +1.0mm；

（2）钻孔深度 h_1 应比锚固深度 h 深 20~30mm；

（3）锚固深度 h 应符合相关规定，允许偏差为 ±0.5mm；

（4）环形槽深度 c 应不小于胀簧锚固台阶宽度 b。

3. 拔出试验

试验时，应使胀簧锚固台阶完全嵌入环形槽内。拔出仪应与锚固件用拉杆连接对中，并与混凝土测试面垂直。施加拔出力应连续均匀，其速度应控制在 0.5~1.0kN/s。拔出力应施加至混凝土破坏，测力显示器读数不再增加为止。记录的极限拔出力值应精确至0.1kN。对结构或构件进行检测时，应采取有效措施防止拔出仪及机具脱落摔坏或伤人。

当拔出试验出现下列情况之一时，应作详细记录，并将该值舍去，在该测点附近补测一个测点。

（1）锚固件在混凝土孔内滑移或断裂；

（2）被测构件在拔出试验时出现断裂；

（3）反力支承内的混凝土仅有小部分破损或被拔出，而大部分无损伤；

（4）在拔出混凝土的破坏面上，有大于骨料最大粒径为 40mm 的粗骨料粒管，有蜂窝、空洞、疏松等缺陷，有泥土、砖块、煤块、钢筋、铁件等异物；

（5）当采用圆环式拔出法检测装置时，试验后在混凝土测试面上见不到完整的环形压痕；在支承环外出现混凝土裂缝。

2.4.3 预埋拔出检测技术

预埋拔出法是对预先埋置在混凝土中的锚盘进行拉拔，测定极限拔出力，并根据预先建立的极限拔出力与混凝土抗压强度之间的相关关系推定混凝土抗压强度的检测方法。

预埋拔出法试验在北欧、北美等许多国家和地区得到了迅速的推广应用，这种试验方法在现场实际应用相当方便，而且试验费用较低，除特别低的混凝土强度以外，可以在很宽的强度范围内进行试验，尤其适用于混凝土质量现场控制的检测手段。例如，决定拆除模板或加置荷载的适当时间；决定施加或放松应力的适当时间；决定吊装、运输构件的适当时间；决定停止湿热养护或冬期施工时停止保温的适当时间。在丹麦，这种方法已被承认作为一种校准的现场强度测定方法并被作为规范检验验收评定的依据。在斯堪的纳维亚地区，该方法被相当广泛地用于控制现场混凝土强度，并取得了不断的进步和发展。

预埋法在我国的应用还不普及，似乎工程技术人员不愿在质量控制上花费精力。事实上，施工中对混凝土强度进行控制，不仅可以保证工程的质量，减少出现质量问题，也是提高施工技术水平、提高企业经济效益的一个重要手段，例如，在高温施工季节，确定提前拆模时间可以加快模板周转，缩短施工工期；冬期施工时，确定防护和养护可以结束的时间可避免出现质量问题，减少养护费用；预制构件生产时，确定构件的出池、起吊、预应力放松或张拉时的混凝土强度，可加快生产周转等，其经济效益与社会效益都是巨大的。

预埋拔出法应采用圆环式拔出仪进行试验。拔出试验前，应确认预埋件未受损伤，并检查拔出仪的工作状态是否正常。

1. 预埋拔出检测技术测点布置

（1）预埋件的布点数量和位置应预先规划确定。对单个构件进行强度测试时，应至少设置 3 个预埋点；当同批构件按批抽样检测时，抽检数量应根据检测批的样本容量按现行国家标准《建筑结构检测技术标准》（GB/T 50344）的有关规定确定，且构件最小样本容量不宜少于 15 个，每个构件预埋点数宜为 1 个。

（2）预埋点相互之间的距离应不小于 250mm，预埋点离混凝土边缘的距离应不小于 100mm，预埋点部位的混凝土厚度不宜小于 80mm，预埋件与钢筋边缘间的净距离应不小于钢筋的直径。

2. 预埋拔出检测技术试验步骤

预埋拔出试验应按下列步骤进行：

（1）安装预埋件；

（2）浇筑混凝土；

（3）拆除连接件；

（4）拉拔锚盘。

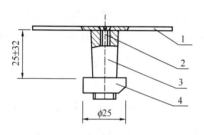

图 2-8　预埋件及安装

1—连接圆盘；2—沉头螺钉；

3—定位杆；4—锚盘

3. 安装预埋件及试验前的准备

锚盘、定位杆和连接圆盘应按图 2-8 所示组成预埋件，在锚盘和定位杆外表宜涂上一层机油或其他隔离剂。

在浇筑混凝土之前，预埋件应安装在划定测点部位的模板内侧。当测点在浇筑面时，应将预埋件钉在与连接圆盘的木板上，确保木板漂浮在混凝土表面。在模板内浇筑混凝土时，预埋点周围的混凝土应与其他部位同样振捣密实，且应不损坏预埋件。拆模后应预先将定位杆旋松；进行拔出试验前，应把连接圆盘和定位杆拆除。

4. 拔出试验

拔出试验时，应将拉杆一端穿过小孔旋入锚盘中，另一端与拔出仪连接。拔出仪的反力支承应均匀地压紧混凝土测试面，并与拉杆和锚盘处于同一轴线。施加拔出力应连续均匀，其速度应控制在 0.5 ~ 1.0kN/s。应施加拔出力至混凝土破坏，测力显示器读数不再增加为止。记录的极限拔出力值应精确至 0.1kN。对构件进行检测时，应采取有效措施防止拔出仪及机具脱落摔坏或伤人。

当拔出试验出现下列情况之一时，可采用后装拔出法补充检测。

（1）单个构件检测时，因预埋件损伤或异常导致有效测试点不足 3 个；

（2）按批抽样检测时，因预埋件损伤或数据异常导致样本容量不足 15 个，无法按批进行推定。

2.4.4　测强曲线的建立

拔出法检测混凝土强度一个重要的前提就是预先建立混凝土极限拔出力和抗压强度的相关关系，即测强曲线。在建立测强曲线时，一般可按以下要求进行。

1. 基本要求

（1）混凝土所用水泥应符合现行国家标准《通用硅酸盐水泥》（GB 175）的规定；混凝土所用的砂、石应符合现行国家标准《建设用砂》（GB/T 14684）、《建设用卵石、碎石》（GB/T 14685）以及《普通混凝土用砂、石质量及检验方法标准》（JGJ 52）的规定。

（2）建立测强曲线试验用混凝土，不宜少于 8 个强度等级，每一强度等级混凝土应不少于 6 组，每组由 1 个至少可布置 3 个测点的拔出试件和相应的 3 个立方体试块组成。

（3）每组拔出试件和立方体试块，应采用同盘混凝土，在同一振动台上同时振动成型，同条件养护，同时进行试验。

2. 拔出法检测规定

拔出法检测应按下列规定进行：

（1）拔出法检测的测点应布置在试件混凝土成型侧面；

（2）在每一拔出试件上，应进行不少于 3 个测点的拔出法检测，取平均值为该试件的拔出力计算值 F（kN），精确至 0.1kN。

（3）3 个立方体试块的抗压强度代表值，应按现行国家标准《混凝土强度检验评定标准》（GB/T 50107）确定。

3. 测强曲线计算步骤

测强曲线应按下述步骤进行计算：

（1）将每组试件的拔出力计算值及立方体试块的抗压强度代表值汇总，按最小二乘法原理进行回归分析。

（2）回归方程式可按下式计算：

$$f_{cu}^{c} = A \times F + B \qquad (2\text{-}38)$$

式中　f_{cu}^c——混凝土强度换算值（MPa），精确至0.1MPa；

　　　F——拔出力代表值（kN），精确至0.1kN；

　　　A——测强公式回归系数（$10^3/mm^2$）；

　　　B——测强公式回归系数（MPa）。

（3）回归方程的相对标准差e_r可按下式计算：

$$e_r = \sqrt{\frac{\sum_{i=1}^{n}(f_{cu,i}/f_{cu,i}^c - 1)^2}{n-1}} \times 100\% \qquad (2-39)$$

式中　e_r——相对标准差；

　　　$f_{cu,i}$——第i组立方体试块抗压强度代表值（MPa），精确至0.1MPa；

　　　$f_{cu,i}^c$——由第i个拔出试件的拔出力计算值F_i按公式（2-35），计算的强度换算值（MPa），精确至0.1MPa；

　　　n——建立回归方程式的试块试件组数。

2.4.5　混凝土强度换算及推定

1. 混凝土强度换算

混凝土强度换算值可按下列公式计算：

（1）后装拔出法（圆环式）

$$f_{cu}^c = 1.55F + 2.35 \qquad (2-40)$$

（2）后装拔出法（三点式）

$$f_{cu}^c = 2.76F - 11.54 \qquad (2-41)$$

（3）预埋拔出法（圆环式）

$$f_{cu}^c = 1.28F - 0.64 \qquad (2-42)$$

2. 混凝土强度推定

1）单个构件的混凝土强度推定

单个构件的拔出力代表值，应按下列规定取值：

（1）当构件3个拔出力中的最大和最小拔出力与中间值之差的绝对值均小于中间值的15%时，取最小值作为该构件拔出力代表值；

（2）当需要加测时，加测的2个拔出力值和最小拔出力值一起取平均值，再与前一次的拔出力中间值比较，取小值作为该构件拔出力代表值。

将单个构件的拔出力代表值根据不同的检测方法对应代入公式（2-40）~式（2-42)中计算强度换算值作为单个构件混凝土强度推定值$f_{cu,e}$。

$$f_{cu,e} = f_{cu}^{c} \tag{2-43}$$

2) 批抽检构件的混凝土强度推定

将同批构件抽样检测的每个拔出力作为拔出力代表值,根据不同的检测方法对应代入公式(2-40)~式(2-42)中计算强度换算值。

混凝土强度的推定值 $f_{cu,e}$ 可按下列公式计算:

$$f_{cu,e} = m_{f_{cu}^{c}} - 1.645 S_{f_{cu}^{c}} \tag{2-44}$$

$$m_{f_{cu}^{c}} = \frac{1}{n} \sum_{i=1}^{n} f_{cu,i}^{c} \tag{2-45}$$

$$S_{f_{cu}^{c}} = \sqrt{\frac{\sum_{i=1}^{n} (f_{cu,i}^{c} - m_{f_{cu}^{c}})^{2}}{n-1}} \tag{2-46}$$

式中　$S_{f_{cu}^{c}}$ ——检验批中构件混凝土强度换算值的标准差(MPa),精确至 0.01MPa;

　　　m ——批抽检的构件数;

　　　n ——批抽检构件的测点总数;

　　　$f_{cu,i}^{c}$ ——第 i 个测点混凝土强度换算值(MPa);

　　　$m_{f_{cu}^{c}}$ ——批抽检构件混凝土强度换算值的平均值(MPa),精确至 0.1MPa。

对于按批抽样检测的构件,当全部测点的强度标准差或变异系数出现下列情况时,该批构件应全部按单个构件进行检测:

(1)当混凝土强度换算值的平均值不大于 25MPa 时,$S_{f_{cu}^{c}}$ 大于 4.5MPa;

(2)当混凝土强度换算值的平均值大于 25MPa 且不大于 50MPa 时,$S_{f_{cu}^{c}}$ 大于 5.5MPa。

(3)当混凝土强度换算值的平均值大于 50MPa 时,δ 大于 0.10。

变异系数可按下式计算:

$$\delta = \frac{S_{f_{cu}^{c}}}{m_{f_{cu}^{c}}} \tag{2-47}$$

第3章 混凝土强度现场检测新技术

3.1 回弹法不同角度检测泵送混凝土强度

在结构实体混凝土抗压强度检测技术中，回弹法因其方便、快捷而在工程质量控制中占有重要地位，但现行《回弹法检测混凝土抗压强度技术规程》（JGJ/T 23）第4.4条"泵送混凝土的检测"中，仅给出了回弹法水平向检测泵送混凝土浇筑侧面的测强曲线，在条文说明中做出了"由于缺乏足够的具有说服力的试验数据，故规定测区应选在混凝土浇筑侧面"的解释，体现了编者对科学试验数据的尊重，但亦造成了回弹仪非水平方向检测泵送混凝土侧面时无法按现行《回弹法检测混凝土抗压强度技术规程》推定结构实体混凝土抗压强度的问题。因此开展回弹仪非水平方向检测泵送混凝土时的回弹值修正值的相关研究具有重要的现实意义。此外，现行《回弹法检测混凝土抗压强度技术规程》中，仅仅给出了回弹法水平向检测泵送混凝土浇筑侧面的测强曲线，因此无法检测泵送混凝土浇筑的现浇楼板构件混凝土抗压强度，只能采用对结构局部破坏的钻芯法检测该类构件混凝土强度，给构件安全性带来隐患。

基于上述情况，编者提出了回弹仪非水平方向检测泵送混凝土浇筑侧面回弹值修正值及混凝土非浇筑侧面表面硬度与其抗压强度力学性能试验研究。

3.1.1 理论依据

采用回弹法检测混凝土抗压强度技术中，回弹值的定义见式（3-1）；采用回弹仪（标称动能 2.207J）非水平方向与水平方向检测混凝土浇筑侧面的回弹值间的理论关系可据功能原理得到式（3-2）、式（3-3）；由式（3-5）计算得到非水平方向检测混凝土时的回弹值修正值。

$$R_0 = \frac{l_{后}}{l_{前}} \times 100 \tag{3-1}$$

$$E_{前} = \frac{1}{2}kl_{前}^2 - mgl_{前}\sin\alpha \tag{3-2}$$

$$E_{后} = \frac{1}{2}kl_{后}^2 - mgl_{后}\sin\alpha \qquad (3\text{-}3)$$

对式（3-1）～式（3-3）进行理论推导与计算，得到式（3-4）。

$$R_0 = R_\alpha\sqrt{\frac{1 - 12.4\sin\alpha/R_\alpha}{1 - 0.124\sin\alpha}} \qquad (3\text{-}4)$$

$$\Delta R = R_0 - R_\alpha \qquad (3\text{-}5)$$

式中　R_0——回弹仪在水平向弹击混凝土浇筑侧面后的回弹值；

$\quad l_{后}$——回弹仪弹击后弹击拉簧的回弹长度；

$\quad l_{前}$——回弹仪弹击前弹击拉簧的拉伸长度（0.075m）；

$\quad E_{前}$——回弹仪弹击前的势能；

$\quad E_{后}$——回弹仪弹击后的势能；

$\quad k$——回弹仪弹击拉簧的弹性刚度（785.0N/m）；

$\quad m$——回弹仪弹击锤的质量；

$\quad g$——重力加速度（9.8m/s^2）；

$\quad \alpha$——回弹仪的弹击杆及其后盖所在的轴线与水平线的夹角；

$\quad R_\alpha$——回弹仪在非水平方向检测角度时弹击混凝土浇筑侧面的回弹值；

$\quad \Delta R$——非水平方向检测混凝土时的回弹值修正值。

非水平方向检测混凝土浇筑侧面时回弹值修正值的理论计算结果如图 3-1 所示。由图 3-1 可知，当检测角度为向上时，回弹值修正值为负值，且呈现出随回弹值的增加，回弹值修正值的绝对值减小的变化趋势；当检测角度为向下时，回弹值修正值为正值，且呈现出随回弹值的增加，回弹值修正值减小的变化规律。

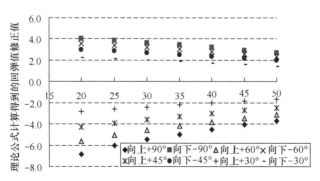

图 3-1　非水平方向检测时的回弹值修正值的理论散点图

3.1.2　试验方法

按标准方法成型立方体试块，由标称能量为 2.207J 的回弹仪按现行《回弹法检测混凝土抗压强度技术规程》规定对任意角度回弹测试混凝土试块的固定装置上的立方体试件侧面进行回弹值测量，经统计分析后得到标称能量为 2.207J 的回弹仪在水平方向与非水平方向检测混凝土浇筑侧面时回弹值修正值。同时，在浇注成型的大型实体结构模型的现浇楼板底面进行回弹测试，而得到回弹法检测泵送混凝土现浇楼板浇筑底面测强曲线。

3.1.3　试验介绍

1. 原材料及混凝土配合比

针对各地区泵送混凝土施工工艺，调查了各原材料产地、品种、规格。在考虑各建筑工地常用混凝土强度等级以及全年使用量的基础上，选择各地常用原材料和泵送混凝土配合比，由当地有代表性的大型混凝土搅拌站提供为制定测强曲线所需的泵送混凝土。

2. 试件设计

（1）标准立方体试块

委托生产质量稳定的大型商品混凝土公司提供试验混凝土，采用本地区常用原材料及配合比制作泵送混凝土，并按标准方法成型 150mm × 150mm × 150mm 立方体试块。试块 24h 后拆模，并移至室外阴凉处品字形码放，自然养护，裸置备用。

（2）大型结构实体模型设计

大型结构实体模型支座采用混凝土墙和砌体墙两种形式，现浇楼板采用构造配筋，板厚设计为 130mm、150mm，强度等级为 C15 ~ C40，泵送浇筑成型，混凝土施工与养护均按现行《混凝土结构工程施工质量验收规范》（GB 50204）执行，大型结构实体模型及试验现场如图 3-2 所示。

3. 试验用主要仪器设备

（1）回弹仪非水平方向检测泵送混凝土时的回弹值修正值

中型混凝土回弹仪选用浙江舟山博远数字式回弹仪，试验用仪器在检定校准有效期内。

（2）回弹法检测泵送混凝土现浇楼板浇筑底面测强曲线

中型混凝土回弹仪选用数字式回弹仪、数字式碳化深度尺、混凝土钻芯机、

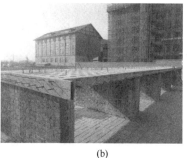

(a)　　　　　　　　　　　　　　　(b)

图 3-2　大型结构实体模型及试验现场

（a）大型结构实体模型；（b）试验现场

切芯机、磨芯机、压力机等。试验用仪器设备均在检定校准有效期内。

4. 试验程序概述

1）回弹仪非水平方向检测泵送混凝土时的回弹值修正值

采用把标准立方体试块固定于自制任意角度回弹测试混凝土试块的固定装置上，对立方体试块测试面进行回弹值测量，非水平方向回弹值范围应尽量涵盖 20°~50°。试验对泵送浇注成型的立方体试块测试面分别进行了回弹仪水平向和回弹仪向上 90°、60°、45°、30°与回弹仪向下 -90°、-60°、-45°、-30° 共两个方向 8 个检测角度时的回弹值测试。

在立方体试块的每个测试面内共弹击 16 点，从该测区的 16 个回弹值中剔除 3 个最大值和 3 个最小值后，将其余 10 个有效回弹值的平均值作为该测区平均回弹值，该值精确至 0.1。回弹仪非水平方向检测泵送混凝土时的回弹值修正值试验情况如图 3-3 所示。

2）回弹法检测泵送混凝土现浇楼板浇筑底面测强曲线

（1）测区布置

用钢筋定位仪测定大型实体结构模型现浇楼板混凝土中钢筋位置后，在其底面划分出尺寸为 200mm×200mm 测区，并弹墨线区分边界。

（2）测区回弹值测量及测区平均回弹值计算

回弹值测量在试验现浇楼板底面每个测区内共弹击 16 点，从该测区的 16 个回弹值中剔除 3 个最大值和 3 个最小值后，将其余 10 个有效回弹值的平均值作为该测区平均回弹值，该值精确至 0.1。回弹法检测泵送混凝土现浇楼板浇筑底面试验现场情况如图 3-4 所示。

（3）测区碳化深度测量及测区平均碳化深度值计算

图 3-3　回弹仪非水平方向检测泵送混凝土回弹值试验现场

采用工具在测区表面形成直径约15mm的孔洞，其深度应大于混凝土的碳化深度；应清除孔洞中的粉末和碎屑，不得用水擦洗；采用浓度为1%～2%的酚酞酒精溶液滴在孔洞内壁的边缘处，当碳化与未碳化界限清晰时，采用碳化深度测量仪测量已碳化与未碳化混凝土交界面到混凝土表面的垂直距离，测量3次，每次读数精确到0.25mm；取三次测量的平均值作为检测结果，并精确至0.5mm。

图3-4　回弹法检测泵送混凝土现浇楼板浇筑底面的回弹情况

（4）混凝土芯样钻取、制样以及芯样试件抗压强度试验

在回弹测试完毕的测区内，由混凝土专用钻芯机按《钻芯法检测混凝土强度技术规程》（JGJ/T 384）进行混凝土芯样（直径100mm）的钻取与制样，芯样试件按《混凝土物理力学性能试验方法标准》（GB/T 50081）进行力学性能试验，芯样试件抗压强度精确至0.1MPa。

（5）试验数据管理：专人采用 Excel 软件进行试验数据的管理。

（6）回归方法及技术指标要求

根据最小二乘法原理，对试验获取的有效数据进行回归拟合，从而得到回弹法检测泵送混凝土现浇楼板浇筑底面测强曲线。《回弹法检测混凝土抗压强度技术规程》第6.3.1条所要求的地区测强曲线平均相对误差 δ 不大于±14.0%，相对标准差 e_r 不大于17.0%的要求。

3.1.4　试验结果计算分析

1. 水平向与非水平方向检测泵送混凝土浇筑侧面的回弹值间的相关性研究

（1）数据拟合处理

对得到的试验数据采用格拉布斯公式进行粗差的剔除，进而得到有效数据。对在立方体试块上获取的有效数据，采用最小二乘法进行回归拟合，回归用数学模型经优选后，选用如式（3-6）所示的线性数学模型对原始数据进行回归，其拟合曲线系数见表3-1，得到的水平向与非水平方向检测泵送混凝土浇筑侧面的回弹值间的拟合曲线，如图3-5所示。

$$R_m = aR_{m\alpha} + b \qquad (3-6)$$

式中　　R_m ——水平向检测泵送混凝土浇筑侧面时的测区平均回弹值；

　　　　$R_{m\alpha}$ ——非水平方向检测泵送混凝土浇筑侧面时的测区平均回弹值；

　　　　a、b ——待回归系数。

表 3-1　拟合曲线系数

检测角度		系数 a	系数 b	相关系数 r
向上	+90°	1.0875	−7.9023	0.9432
	+60°	1.0806	−7.4633	0.9496
	+45°	1.0372	−4.6272	0.9465
	+30°	1.0545	−3.7799	0.9923
向下	−30°	0.9603	+3.3403	0.9684
	−45°	0.9417	+4.8727	0.9527
	−60°	0.9435	+5.4737	0.9659
	−90°	0.9470	+6.6758	0.9539

由表 3-1 可知，水平向与非水平方向检测泵送混凝土浇筑侧面的回弹值间的线性相关程度极高，相关系数均不小于 0.94，说明拟合所得计算式与试验数据吻合较好，各检测角度的拟合曲线能较为准确地换算为相应的水平方向检测泵送混凝土浇筑侧面的测区回弹值，从而有利于按已有检测泵送混凝土浇筑侧面的回弹测强曲线推定结构实体混凝土抗压强度；从图 3-5 可直观地看到，试验数据均匀地分布在拟合曲线两侧，散点分布具有随机性，不存在明显有偏区段。

据表 3-1 所回归得到的回弹仪检测泵送混凝土浇筑侧面的非水平方向回弹值与水平向回弹值的换算曲线，经计算得到非水平方向检测泵送混凝土时回弹值修正值的散点图如图 3-6 所示。由图 3-6 可知，非水平方向检测泵送混凝土时的回弹值修正值呈现出与理论计算结果相同的变化趋势，但由于混凝土为多相材料组成的非匀质体，实际工作中表现为弹塑性变形，因而实际的回弹值修正值与理论修正值存在差异。

（2）与非水平方向检测普通混凝土的回弹值修正值的比较

在《回弹法检测混凝土抗压强度技术规程》附录 C 中，给出了非水平方向检测普通混凝土的回弹值修正值，见图 3-7。比较图 3-1、图 3-6、图 3-7 可知，非水平方向检测普通混凝土的回弹值修正值与理论计算值、非水平方向检测泵送混凝土的回弹值修正值的变化趋势相同。

以本文所得到的非水平方向检测泵送混凝土时的回弹值修正值与现行《回弹法检测混凝土抗压强度技术规程》中非水平方向检测普通混凝土的回弹值修

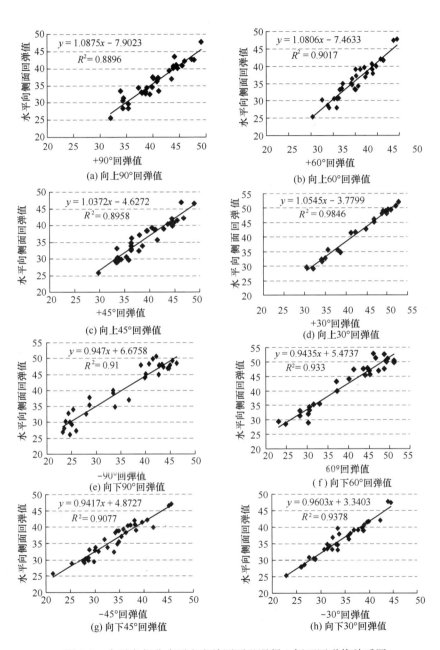

图 3-5　水平向与非水平方向检测泵送混凝土侧面回弹值关系图

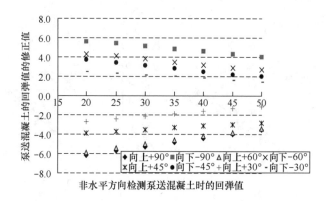

图 3-6　非水平方向检测泵送混凝土时的回弹值修正值的变化

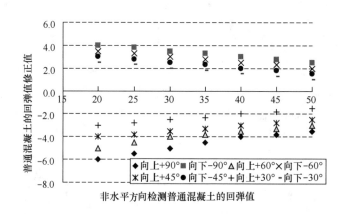

图 3-7　非水平方向检测普通混凝土时的回弹值修正值的变化

正值的差值为纵坐标，以非水平方向检测混凝土的回弹值为横坐标，所作的散点图如图 3-8、图 3-9 所示。其中，图 3-8 为检测角度向上时，泵送混凝土与普通混凝土的回弹值修正值的差值的变化；图 3-9 为检测角度向下时，泵送混凝土与普通混凝土的回弹值修正值的差值的变化。

由图 3-8 可知，检测角度向上时，＋90°、＋60°的回弹修正值的差值为负值，这表明在该检测角度时，本文得到的泵送混凝土回弹修正值要略小于普通混凝土的回弹修正值；＋30°的回弹修正值的差值为正值，这表明在该检测角度时，本文得到的泵送混凝土回弹修正值要略大于普通混凝土的回弹修正值；＋45°的回弹修正值的差值在回弹值不大于 30 时为正值，大于 30 时为负值，从数值上看，与现行《回弹法检测混凝土抗压强度技术规程》中普通混凝土的回弹值修正值相差不大。由图 3-9 可知，检测角度向下时，泵送混凝土与普通混凝土的回弹值修正值的差值均为正值，表明前者的回弹值修正值要高于后者，－90°检测

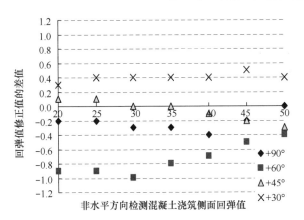

图 3-8　检测角度向上时回弹值修正值的差值变化

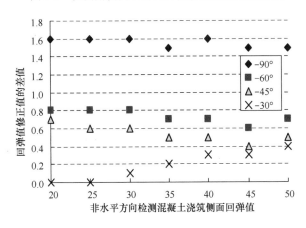

图 3-9　检测角度向下时回弹值修正值的差值变化

时取得差值的最大值；同时存在随检测角度的减小，二者差值减小的变化趋势。总的来说，非水平方向检测泵送混凝土时的回弹值修正值与现行《回弹法检测混凝土抗压强度技术规程》中非水平方向检测普通混凝土时的回弹值修正值存在差异，这与泵送混凝土较普通混凝土的胶凝材料用量多、砂率大、流动性大、浇筑成型后的结构实体混凝土浆骨比大等因素有关。

2. 回弹法检测泵送混凝土现浇楼板浇筑底面测强曲线

回弹法检测泵送混凝土现浇楼板浇筑底面试验共获取 5451 组有效数据（其中卵石 532 组、碎石 4499 组、尾矿石 420 组）。将从大型结构实体模型现浇楼板底面测得的芯样试件抗压强度与向上检测现浇楼板底面回弹值、对应回弹测区的碳化深度值作为拟合参数，采用最小二乘法原理回归得到回弹法检测泵送混凝土现浇楼板底面测强曲线为：

$$f_{\text{cu}} = 0.020870R_{\text{m}}^{2.011928}10^{-0.014850d_{\text{m}}}$$ (3-7)

式中 f_{cu}——对应第 i 测区的混凝土换算强度，精确至 0.1MPa；

R_{m}——对应第 i 测区的平均回弹值，精确至 1；

d_{m}——对应第 i 测区的混凝土碳化深度均值，精确至 0.5mm。

该式的相关系数 r 为 0.853，平均相对误差 δ 为 ±13.0%，相对标准差 e_{r} 为 15.2%，符合现行《回弹法检测混凝土抗压强度技术规程》所要求的平均相对误差 δ 不大于 ±14.0%，相对标准差不大于 17.0% 的地区测强曲线要求。

3.1.5　小结

1. 非水平方向检测泵送混凝土时的回弹值修正值的建议值

为便于工程检测应用，根据本文得到的拟合曲线，经计算得到非水平方向检测泵送混凝土时的回弹值修正值的建议值见表 3-2。

表 3-2　非水平方向检测泵送混凝土时回弹值修正值的建议值

$R_{\text{m}\alpha}$	检测角度							
	向上				向下			
	90°	60°	45°	30°	−30°	−45°	−60°	−90°
20.0	−6.2	−5.9	−3.9	−2.7	2.5	3.7	4.3	5.6
21.0	−6.1	−5.8	−3.8	−2.6	2.5	3.6	4.3	5.6
22.0	−6.0	−5.7	−3.8	−2.6	2.5	3.6	4.2	5.5
23.0	−5.9	−5.6	−3.8	−2.5	2.4	3.5	4.2	5.5
24.0	−5.8	−5.5	−3.7	−2.5	2.4	3.5	4.1	5.4
25.0	−5.7	−5.4	−3.7	−2.4	2.3	3.4	4.1	5.4
26.0	−5.6	−5.4	−3.7	−2.4	2.3	3.4	4.0	5.3
27.0	−5.5	−5.3	−3.6	−2.3	2.3	3.3	3.9	5.2
28.0	−5.5	−5.2	−3.6	−2.3	2.2	3.2	3.9	5.2
29.0	−5.4	−5.1	−3.5	−2.2	2.2	3.2	3.8	5.1
30.0	−5.3	−5.0	−3.5	−2.1	2.1	3.1	3.8	5.1
31.0	−5.2	−5.0	−3.5	−2.1	2.1	3.1	3.7	5.0
32.0	−5.1	−4.9	−3.4	−2.0	2.1	3.0	3.7	5.0
33.0	−5.0	−4.8	−3.4	−2.0	2.0	2.9	3.6	4.9
34.0	−4.9	−4.7	−3.4	−1.9	2.0	2.9	3.6	4.9
35.0	−4.8	−4.6	−3.3	−1.9	2.0	2.8	3.5	4.8
36.0	−4.8	−4.6	−3.3	−1.8	1.9	2.8	3.4	4.8

$R_{m\alpha}$	检测角度							
	向上				向下			
	90°	60°	45°	30°	−30°	−45°	−60°	−90°
37.0	−4.7	−4.5	−3.3	−1.8	1.9	2.7	3.4	4.7
38.0	−4.6	−4.4	−3.2	−1.7	1.8	2.7	3.3	4.7
39.0	−4.5	−4.3	−3.2	−1.7	1.8	2.6	3.3	4.6
40.0	−4.4	−4.2	−3.1	−1.6	1.8	2.5	3.2	4.6
41.0	−4.3	−4.2	−3.1	−1.5	1.7	2.5	3.2	4.5
42.0	−4.2	−4.1	−3.1	−1.5	1.7	2.4	3.1	4.4
43.0	−4.1	−4.0	−3.0	−1.4	1.6	2.4	3.0	4.4
44.0	−4.1	−3.9	−3.0	−1.4	1.6	2.3	3.0	4.3
45.0	−4.0	−3.8	−3.0	−1.3	1.6	2.2	2.9	4.3
46.0	−3.9	−3.8	−2.9	−1.3	1.5	2.2	2.9	4.2
47.0	−3.8	−3.7	−2.9	−1.2	1.5	2.1	2.8	4.2
48.0	−3.7	−3.6	−2.8	−1.2	1.4	2.1	2.8	4.1
49.0	−3.6	−3.5	−2.8	−1.1	1.4	2.0	2.7	4.1
50.0	−3.5	−3.4	−2.8	−1.1	1.4	2.0	2.7	4.0

2. 创新点

（1）使用自制专用刚体装置对混凝土试件进行固定。该装置可以将试件旋转到任意角度进行回弹测试，从而达到在同一混凝土试件上从不同角度进行回弹测试的目的，进而得到泵送混凝土试件侧面的非水平方向任意角度的测区回弹值。

（2）通过任意角度回弹测试混凝土试件的固定装置建立了具有足够精度的水平方向与非水平方向检测泵送混凝土浇筑侧面的回弹值间的拟合曲线，给出了非水平方向检测泵送混凝土时的回弹值修正值。本研究成果弥补了现行行业标准《回弹法检测混凝土抗压强度技术规程》关于回弹法检测泵送混凝土中回弹值角度修正的空白。

（3）所建立的回弹法检测泵送混凝土现浇楼板浇筑底面测强曲线弥补了现行行业标准《回弹法检测混凝土抗压强度技术规程》不能检测泵送混凝土现浇楼板混凝土抗压强度的空白。

3.2　射钉法

随着我国国民经济的不断发展，高层建筑及大型公共建筑逐渐增多，高强混凝土（C50 以上）被大量采用。高强混凝土是建筑工程建设中用量最大的重要建筑材料，也是一种配制工艺复杂、性能随诸多因素变化而变化的材料。因其在建筑工程中的重要性，混凝土质量控制历来受到建设管理部门和工程技术人员的重视。传统的随机取样 28d 标准试块检验的方法，有时不能真正代表结构混凝土的质量，不能很好地适应工程施工的需要。为此，从事试验、检验的技术人员近些年来开展了各种现场非破损检验的研究。目前，采用非破损或局部破损方法进行现场测试，已成为一种保证施工质量、降低质量事故的重要方法。事实上，已经有许多国家在混凝土施工中使用该方法，或用来探测影响工程质量的内部隐患。国内常见的低强度等级混凝土（C10 ~ C40）检测方法有钻芯法、回弹法、超声回弹综合法、拔出法等，这些方法都可在适当的条件下解决混凝土现场强度检验问题。

对于高强混凝土（C50 以上），上述各种测试方法均存在明显的局限性。钻芯法被认为是最能代表结构混凝土强度的试验方法，但对混凝土构件有一定的破坏性，对于高强混凝土这种破坏性更加明显，对结构产生更加不利的影响，而且所用设备和操作程序比较复杂，试验周期长，不宜大量采用；超声回弹综合法虽然是一种非破损检验方法，但大量的试验表明：在测试高强混凝土时，由于回弹仪标称能量的限制，回弹值与强度之间已不存在良好的相关关系；后装拔出法由于拔出仪拉拔力、量程的限制及配件（胀锚件）的材质问题，在高强混凝土的检测过程中，配件易损坏，仪器设备的稳定性差。

针对这一问题，我们提出了采用射钉法检测高强混凝土强度，并对此进行了深入系统的试验研究。该方法具有操作简便、效率高、微破损、费用低等优点，具有很高的使用价值。

对射钉法检测高强混凝土强度进行系统的试验研究具有现实意义。一方面找出混凝土强度与射钉贯入深度之间的关系，制定出地方测强曲线，并逐渐将该曲线推广；另一方面在条件允许的情况下，制定出地方标准，使该方法标准化、规范化。

3.2.1 理论依据

射钉法又称贯入阻力法，1964 年美国最早研制用射钉法检测低强度等级混凝土，1975 年美国材料试验学会推荐并确定此方法为混凝土贯入阻力的暂行试验方法，1982 年列为正式标准。

射钉法检测高强混凝土强度，是通过精确控制的动力将一支钢钉射入混凝土中，量测其贯入阻力，以此评定混凝土质量的方法。贯入阻力是依据射入混凝土中钢钉的外露部分长度确定的。这种方法的基本原理，是利用专用发射枪对准混凝土表面发射子弹，弹内火药燃烧释放出来的能量推动钢钉高速射入混凝土中，当钢钉的直径、长度、子弹内的火药量及射击速度为固定值时，钢钉射入混凝土中的深度取决于混凝土的力学性能，因此测量钢钉外露部分的长度即可确定混凝土的贯入阻力。通过试验，建立贯入阻力与混凝土强度的相关关系式，据此对混凝土强度作出推定。

大量试验表明：混凝土强度 $f_{cu,i}$ 与射钉器射入混凝土中钢钉的深度 h_i 之间存在着较强的相关关系。在射钉器的冲击量一定、射钉尺寸均匀的前提下，钢钉的射入深度随着混凝土强度的提高而减小。

根据以上所述，可以得出射钉法检测高强混凝土强度，是客观可行的。

3.2.2　试验方法

1. 高强混凝土试件参数的选定

1）试验材料

水泥：水泥品种为 P·O 42.5 普通硅酸盐水泥；

石子：粒径为 10~20mm 的碎石；

砂子：品种为中砂；

水：饮用水；

外加剂：种类为高效减水剂、高效泵送剂。

2）试件的设计强度等级

本次试验的重点是 C50 以上混凝土强度的检测，同时考虑实际工程中混凝土强度的离散性，混凝土强度数据可能分散分布。因此在制作试件时，也制作了部分 C30、C40 混凝土试件，共制作了 C30、C40、C50、C60、C70、C80 等共 6 个强度等级的试件。

3）龄期选定

对于同一配比的高强混凝土，其抗压强度将随着龄期的增长而增加，一般龄期越长，强度越高；但超过一定时间后，龄期越长，强度增长的幅度会越来越小。这种现象在龄期不超过一年时尤为明显。故试验中每个配比选用 14d、28d、60d、90d、180d 和 360d 共 6 个龄期分别进行试验。

（1）试件尺寸

根据研究测试数量、测试龄期的需要，确定试件尺寸为 300mm × 600mm ×

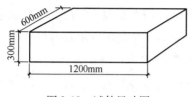

图 3-10　试件尺寸图

1200mm。实际制作时以 1200mm × 600mm 为浇筑底面和浇筑顶面，以 600mm × 300mm 的两个面为浇筑侧面（作为测试表面），如图 3-10 所示。另外在试件的浇筑过程中尽量模拟工程的实际情况。

（2）模板选择

考虑在施工过程中常用钢模和竹模两种模板，因此在制作试件时分别选用了钢模板和竹模板制作试件。

（3）试件的制作和养护

试件由当地大型搅拌站提供设计强度等级的商品混凝土制作，尺寸为 300mm × 600mm × 1200mm，每一个配比的试件在 1d 内制作完成，试件成型 7d 后拆模，在自然条件下养护。

2. 试验设备的选定

（1）射钉器选型

通过对国内外几种射钉器比较，最后购买了性能优良的 HILTI 公司生产的 DX450 型击钉器（以下称"射钉器"）。其具有安全装置，能确保操作人员进行安全、可靠的射钉作业，驱动力控制更加合理，火药筒能量可选，射钉器性能稳定、使用寿命长，如图 3-11 所示。

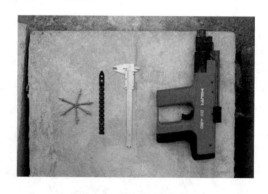

图 3-11　射钉检测设备图

（2）火药筒选型

用于 DX450 型射钉器的连发火药筒通称为弹药为 6.8/11M 型火药。其携带安装方便，且具有连续发射功能，满足检测高强度混凝土的要求。子弹是发射射钉的能量源，弹内火药量直接影响射钉的初始动能。美国材料试验学会试验标准要求，射钉的出口速度在允许的 10 次发射中，变异系数不得大于 30%。本试验随机抽取 300 只子弹进行了质量测定，射击完毕后对弹壳进行称重，计算弹药量的变异系数。

弹药量标准差　　　　$S = 0.0180$

弹药量变异系数　　　$C_v = 0.71\%$

可以认为，子弹内火药量均匀一致。

（3）钢钉选型

用于 DX450 型射钉器的钢钉型号为 NK 系列钢钉，钉身直径 3.5mm，钉身长 22.0 ~ 117.0mm（可选），该钉具有刚度高、尺寸准确、加工精度高的特点，试验用钉长 49.5mm，见图 3-11。

钉身尺寸也是影响试验结果的因素之一，美国材料试验学会试验标准规定，射钉长度变异系数在 ±0.5% 范围内均匀一致。本试验随机抽取 156 只射钉进行了长度测量，计算射钉长度的变异系数。

射钉长标准差　　　　$S = 0.0789$

射钉长变异系数　　　$C_v = 0.16\%$

可以认为，射钉长度均匀一致。

钉身尺寸的另一个参数是：射钉直径。本试验随机抽取直径为 3.5mm，NK 系列钢钉 178 只射钉进行了直径测量，计算射钉直径的变异系数。

射钉直径标准差　　　$S = 0.0083$

射钉直径变异系数　　$C_v = 0.22\%$

可以认为，射钉直径均匀一致。

（4）游标卡尺

采用量程 150mm，最小分度值为 0.02mm 的游标卡尺，见图 3-11。

（5）钻芯机选型

根据常用工程检测的选型经验，对混凝土取芯机的耐久性、稳定性、通用性进行综合评定，选择便携式钻芯机。

（6）其他辅助设备

其他辅助设备包括：冲击钻、钻头、板子、钳子、螺栓、水管等。

3.2.3　试验介绍

1. 高强混凝土试件的制作和养护

（1）试件的制作数量及原材料选用

试件的制作及原材料的选用情况见表 3-3。

表 3-3　试件的制作及原材料的选用情况

编号	设计强度等级	数量	用料品种			模板
			砂	水泥	石子粒径	
A1	C30	1	中砂	普通硅酸盐	10～20（mm）	竹模
A2	C40	1	中砂	普通硅酸盐	10～20（mm）	竹模
A3	C50	1	中砂	普通硅酸盐	10～20（mm）	竹模
A4	C60	1	中砂	普通硅酸盐	10～20（mm）	竹模
A5	C70	1	中砂	普通硅酸盐	10～20（mm）	竹模
A6	C80	1	中砂	普通硅酸盐	10～20（mm）	竹模
B1	C30	1	中砂	普通硅酸盐	10～20（mm）	钢模
B2	C40	1	中砂	普通硅酸盐	10～20（mm）	钢模
C2	C40	1	中砂	普通硅酸盐	10～20（mm）	钢模
B3	C50	1	中砂	普通硅酸盐	10～20（mm）	钢模
C3	C50	1	中砂	普通硅酸盐	10～20（mm）	钢模
B4	C60	1	中砂	普通硅酸盐	10～20（mm）	钢模
C4	C60	1	中砂	普通硅酸盐	10～20（mm）	钢模
B5	C70	1	中砂	普通硅酸盐	10～20（mm）	钢模
C5	C70	1	中砂	普通硅酸盐	10～20（mm）	钢模
B6	C80	1	中砂	普通硅酸盐	10～20（mm）	钢模

本次研究共制作 6 种强度等级 16 组试件，其中 10 组测试试件为钢模板，6 组测试试件为竹模板。

（2）试件的制作和养护

试件制作：试件由当地大型混凝土搅拌站提供，试件制作过程中搅拌、振捣成型等工艺严格按国家有关规范和标准执行。

图 3-12　试件堆放场地

试件养护：振捣成型后 7d 拆模自然养护，10d 后运至测试试验场地，"一"字排开进行自然养护，见图 3-12。为便于测试时查找试件，在试件脱模后随即编号，试件制作完毕后填写《试件试验顺序安排表》。

2. 试验基地的选定

考虑到本研究项目试件及试件

的制作量较大，必须选定基地设备齐全、人员有丰富的经验和充足材料供应的试验基地，以保证试件和试件制作及试验质量和进度。

3. 试件的测试

1）测试龄期

每个试件测试龄期分为：14d、28d、60d、90d、180d 和 360d，6 个龄期。每个龄期在每个试件上进行 3 次试验。在试验过程中，对于龄期超过 60d 的试件，其测试龄期分别比规定龄期提前和推后 10%。

2）射钉测试

（1）射钉试验

试件测试时，在试件的浇筑侧面进行测试，首先在试件的每个 600mm × 1200mm 测试面上画 200mm × 200mm 网格，如图 3-13 所示。在每一网格测试面的中心位置作为射钉测点，量测射钉外露长度，计算射钉射入深度，最后记录。

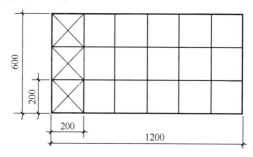

图 3-13　射钉测点布置图

射钉操作步骤如下：

① 将射钉自发射枪管口装入，用送钉器推至发射管底部，插入弹药夹，推至原位；

② 将发射枪管口垂直与混凝土表面对准确定的射击点，压实、扣动扳机，把钢钉射入混凝土中；

③ 用游标卡尺量出钢钉外露的长度（mm），减去钉身长 49.5 mm，即射入深度。

每次射击 3 个不同部位，当射击不成功时（钢钉未射入或弯曲）应把发射枪移到不同的部位重新发射。射钉成功后测量、计算并记录射钉贯入深度。

（2）钻芯测试

以试件射钉为中心，钻取直径为 100mm 的混凝土芯样（芯样长度大于 250mm），加工制作成高为 100 mm 的芯样试件，在实验室进行抗压强度试验。

3.2.4　试验结果计算分析

1. 数据处理方法及回归方程

共采集 288 组数据，每组数据包括射钉贯入深度和对应点混凝土芯样抗压强度，然后选取一元线性、一元幂函数、一元指数函数等曲线形式，对试验数据进行回归拟合，回归方程及误差统计指标见表3-4。

表3-4 回归方程及误差统计指标

序号	龄期 （d）	方程	回归方程	取样数	相关系数	误差平均值 （%）	误差标准值 （%）
1		线性	$f_{cu}^c = 121.95555 - 2.4814h$	60	0.9760	10.22	12.65
2	14	幂函数	$f_{cu}^c = 46499.07h^{-2.0327}$	60	0.8872	9.19	11.63
3		指数函数	$f_{cu}^c = 298.348e^{-0.0619h}$	60	0.975	9.17	11.67
4		线性	$f_{cu}^c = 118.0922 - 2.3595h$	114	0.8856	11.01	13.76
5	14～ 28	幂函数	$f_{cu}^c = 31068.77h^{-1.9131}$	114	0.8766	10.84	13.69
6		指数函数	$f_{cu}^c = 270.3581e^{-0.0586h}$	114	0.9069	10.69	13.64
7		线性	$f_{cu}^c = 120.9668 - 2.4485h$	168	0.8598	11.05	13.82
8	14～ 60	幂函数	$f_{cu}^c = 33570.73h^{-1.935}$	168	0.8796	10.56	13.29
9		指数函数	$f_{cu}^c = 278.6321e^{-0.0595h}$	168	0.8955	10.52	13.35
10		线性	$f_{cu}^c = 122.7132 - 2.5094h$	216	0.8826	11.59	11.59
11	14～ 90	幂函数	$f_{cu}^c = 33843.85h^{-1.9386}$	216	0.8484	10.94	13.69
12		指数函数	$f_{cu}^c = 279.5947e^{-0.0598h}$	216	0.9079	10.99	13.82
13		线性	$f_{cu}^c = 126.0648 - 2.6090h$	262	0.8700	11.84	14.87
14	14～ 180	幂函数	$f_{cu}^c = 36753.72h^{-1.9614}$	262	0.8290	11.24	14.11
15		指数函数	$f_{cu}^c = 290.4989e^{-0.0609h}$	262	0.8883	11.27	14.24
16		线性	$f_{cu}^c = 125.9074 - 2.6101h$	288	0.8680	11.65	14.67
17	14～ 360	幂函数	$f_{cu}^c = 37170.07h^{-1.9657}$	288	0.8150	10.99	13.88
18		指数函数	$f_{cu}^c = 291.0085e^{-0.0610h}$	288	0.8751	11.05	14.01

本试验所得回归方程适用于C40～C70强度等级混凝土的工程检测。

2. 构件混凝土强度测试

1）一般规定

（1）资料准备。

在对构件混凝土进行强度试验之前，需准备下列资料：

① 工程名称及设计、施工、监理、建设单位名称；

② 结构或构件名称、设计图纸要求的混凝土强度等级；

③ 粗骨料品种、最大粒径及混凝土配合比及模板类型；

④ 混凝土浇筑和养护情况以及混凝土的龄期；

⑤ 结构或构件存在的质量问题等。

（2）抽样检测。

结构或构件的混凝土强度可按单个构件检测或同批构件按批抽样检测。

（3）全部符合下列条件的构件可作为同批构件：

① 混凝土强度等级相等；

② 混凝土原材料、配合比、施工工艺、养护条件及龄期基本相同或相等；

③ 构件种类相同；

④ 构件所处环境相同；

⑤ 应随机抽取并使所有构件共存代表性。

（4）测点布置应符合下列规定：

① 按单个构件检测时，应在构件上均匀布置 5 个测点。

② 同批构件按批抽样检测时，抽检数量应不少于同批构件总数的 30%，且不少于 10 件，每个构件应不少于 5 个测点；

③ 测点宜布置在构件混凝土成型的侧面；

④ 应在构件的受力较大及薄弱部位布置测点，相邻两测点的间距应不小于 140mm，测点距构件的边缘应不小于 100mm；

⑤ 测点应避开接缝、蜂窝、麻面部位和混凝土表层的钢筋预埋件。

（5）对试件测试面的要求如下：

测试面应平整、清洁、干燥，对饰面层浮浆、杂物等应予以清除，必要时进行磨平处理。

（6）应对构件的测量点进行编号，并应描绘测点布置示意图。

2）混凝土强度换算及推定

（1）混凝土强度换算

混凝土强度换算值应按下式计算：

$$f_{cu}^c = 291.0085 e^{-0.0610h} \qquad (3-8)$$

式中　f_{cu}^c——测区混凝土强度换算值（MPa），精确至 0.1MPa；

　　　　e ——常数；

　　　　h——射钉深度（mm），精确至 0.02mm。

当被测结构所用混凝土材料与制定测强曲线所用材料有较大差异时，可在被测结构上钻取混凝土芯样，根据芯样强度对混凝土强度换算值进行修正，钻取芯样时在相应射钉部位钻取一个芯样，芯样数量应不少于 6 个。计算混凝土强度推定值时测区混凝土强度换算值应乘以修正系数。

修正系数可按下式计算：

$$\eta = \frac{1}{n}\sum_{i=1}^{n}(f_{\text{cor},i}/f_{\text{cu},i}^{\text{c}}) \tag{3-9}$$

式中　η——修正系数，精确至 0.01；

$f_{\text{cor},i}$——第 i 个混凝土芯样抗压强度值，精确至 0.1MPa；

$f_{\text{cu},i}^{\text{c}}$——对应于第 i 个混凝土芯样试件的射钉深度的混凝土强度换算值（MPa），精确至 0.1MPa；

　　n——芯样试件数。

（2）单个构件的混凝土强度推定

单个构件的混凝土强度推定值，应按下列规定取值：

① 5 个测区数取小值作为该构件测区强度值计算值。

② 将单个构件的测区强度值计算值乘以修正系数 η，作为单个构件混凝土强度推定值 $f_{\text{cu,e}}$。

（3）批抽检构件的混凝土强度推定

① 以同批构件抽样检测的每个射钉贯入深度计算测区强度换算值，或乘以修正系数 η 得到强度换算值。

② 混凝土强度推定值 $f_{\text{cu,e}}$ 按下列公式计算：

$$f_{\text{cu,c1}} = m_{f_{\text{cu}}} - 1.645S_{f_{\text{cu}}} \tag{3-10}$$

$$f_{\text{cu,c2}} = m_{f_{\text{cu,min}}} = \frac{1}{m}\sum_{j=1}^{m}f_{\text{cu,min},j}^{\text{c}} \tag{3-11}$$

式中　$m_{f_{\text{cu}}}$——批抽检构件混凝土强度换算值的平均值（MPa），精确至 0.1MPa，按下式计算：

$$m_{f_{\text{cu}}} = \frac{1}{n}\sum_{i=1}^{n}f_{\text{cu},i}^{\text{c}} \tag{3-12}$$

式中　$f_{\text{cu},i}^{\text{c}}$——第 i 个测点混凝土强度换算值；

$s_{f_{\text{cu}}}$——批抽检构件混凝土强度换算值的标准差（MPa），精确至 0.1MPa，按下式计算：

$$s_{f_{\text{cu}}} = \sqrt{\frac{\sum_{i=1}^{n}(f_{\text{cu},i}^{\text{c}})^2 - n(m_{f_{\text{cu}}})^2}{n-1}} \tag{3-13}$$

$m_{f_{\text{cu,min}}}$——批抽检每个构件混凝土强度换算值中最小值的平均值（MPa），精确至 0.1MPa；

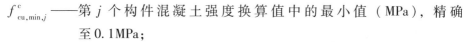

$f_{cu,min,j}^c$——第 j 个构件混凝土强度换算值中的最小值（MPa），精确
 至 0.1MPa；

 n——批抽检构件的测点总数；

 m——批抽检的构件数。

取上述式（3-8）、式（3-9）中的较大值作为该批构件的混凝土强度推定值。

（4）抽样检测构件

对按批抽样检测的构件，当全部测点混凝土强度换算值的变异系数大于15%时，则该批构件应全部按单个构件检测：

$$C_v = \frac{S_{f_{cu}^c}}{m_{f_{cu}^c}} \tag{3-14}$$

式中 C_v——混凝土强度换算值的变异系数。

3.2.5 小结

（1）射钉法检测高强混凝土强度，通过大量的试验研究证明了该混凝土强度与射钉深度之间有良好的相关关系，建立了地方测强曲线，经检验证明其回归方程可满足高强混凝土（强度等级在 C40～C70 之间）在一般工程中的检测。

（2）射钉法检测高强混凝土强度，具有操作简便、速度快、精度高等优点，具有较好的应用价值和推广使用价值。该方法的推广应用必将提高高强混凝土强度检测质量水平，对高强混凝土质量控制将会发挥积极作用。

（3）射钉法检测高强混凝土强度的试验研究，是利用测得的射钉射入混凝土中钢钉的深度推定高强混凝土的抗压强度，为研究现场测试高强混凝土强度技术提供了新方法，开辟了新途径。

（4）射钉法检测高强混凝土强度是一项新技术。本研究在这方面做了一些工作，但还不够完善，需要不断进行研究，同时也请有关技术人员积极投入到对该方法的研究之中，共同研究，取长补短，使之不断完善和发展。

3.3 直拔法

随着城市建设的飞速发展，混凝土的使用量正在迅速增加，如何简单快捷地掌握工程结构中混凝土的质量情况已经成为一个亟待解决的问题。

目前对混凝土抗压强度的检测主要有如下几种手段：标养试块、同条件试块、回弹法、超声回弹综合法、后装拔出法、钻芯法等，上述方法中，试块是国家规范规定的最为标准的检测方法，但是由于试块从制作、养护、运输到试验，所需经历的环节很多，任何一个环节出现问题，都会直接影响对混凝土实体强度的准确判定。回弹法是目前在我国使用较为广泛的混凝土抗压强度检测方法，其简便易行，数据稳定、准确，很受大家欢迎，但是对于表层与内部存在明显差异的混凝土，回弹法就无能为力了。超声回弹综合法虽然把用于表面检测的回弹法与用于内部缺陷或质量检测的超声法结合，解决了部分表面与内部存在差异的混凝土的检测问题，但是超声回弹综合法由于程序复杂、操作烦琐等缺点，并没有得到普遍应用。后装拔出法近几年一直在不断完善，但是其成孔、磨槽工艺要求精度较高，锚具不能长期循环使用，检测后留下的破坏面较大且不规则等缺点限制了它的推广使用。

3.3.1　理论依据

就目前的情况而言，钻芯法是使用较为广泛的一种检测手段，它最大的特点是能够准确地反映被检混凝土的质量情况，是目前最为客观和最为直接的检测方法，但是作为一种微破损检测手段，钻芯法检测对于混凝土结构的破坏也是不可忽视的，尤其是对钢筋密度较大的梁、柱等构件进行取芯检测时，常常需要破坏配筋，如果修复处理不好，会严重影响结构的安全性。而且，钻芯法试验周期一般在 3~4d，不能当天得到检测结论。

从实际工程的需要出发，编者进行了多次探索和试验，采用在混凝土结构构件中钻制小直径混凝土芯样，在被测构件上对其进行原位抗拉力测试，测得芯样的极限拉断应力，并建立起小芯样混凝土拉应力与标准立方体试块抗压强度之间的相关关系，探索出一种既能检测混凝土内部强度，又对混凝土结构破坏面小的方法——直拔法，用于对实际工程质量的检测与控制。

3.3.2　试验方法

直拔法是一种全新的混凝土抗压强度检测方法，该方法具有下列特点：

① 对混凝土结构的破损非常轻微，不破坏配筋；

② 检测程序高效快捷，在检测现场即可得出检测结论；

③ 检测精度较高，大量试验表明，此方法完全满足混凝土抗压强度检测的精度要求；

④ 使用的仪器设备简单，所用的专用配件可以反复循环使用，利于推广实施。

本试验研究的最终目的是，在混凝土实体上钻取小直径混凝土芯样，不将芯样剔断取下，使用专用锚具将芯样与拔出设备连接，将芯样在原位拔断，取得芯样拔断时的拉力，通过换算得到混凝土抗压强度值。

3.3.3　试验介绍

1. 直拔法检测混凝土抗压强度技术研究

我们首先在混凝土试件上钻取小芯样，进行拉拔试验，测得芯样断裂时的拉应力，得到拉拔试验后的混凝土试件及小芯样，然后将同批制作的混凝土试件进行抗压试验，得到该批混凝土的抗压强度值，将不同龄期、不同强度等级的试件得到的拉应力与抗压强度进行回归拟合，得到芯样拉应力与混凝土抗压强度的关系曲线（图 3-14 ~ 图 3-17）。

图 3-14　在试件上钻取的直径为 44mm 的小芯样并粘接锚具

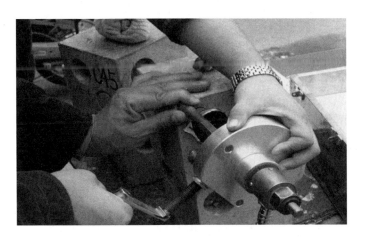

图 3-15　拉拔试验

2. 试验结果计算分析

将同批制作的混凝土试件进行抗压试验，得到该批混凝土的抗压强度值，将

图 3-16 试验后的混凝土试件

图 3-17 试验后的小芯样

不同龄期、不同强度等级的试件得到的拉应力与抗压强度进行回归拟合,得到芯样拉应力与混凝土抗压强度的关系曲线。

本成果给出了小芯样抗拉应力与混凝土抗压强度的关系曲线:

$$f^c_{cu,i} = 25.294 N^{0.8266}_m \tag{3-15}$$

上式的相关系数 r 等于 0.8947,相对标准差 e_r 等于 12.72%,平均相对误差 δ 等于 7.93%,均符合国家有关规范的规定。

3. 试验技术要点

(1) 钻取芯样时应保证芯样轴线与构件表面垂直;

（2）粘接时应保证锚固件与小芯样粘接牢固，且锚固件外壁不得与混凝土构件粘接，以免造成试验误差；

（3）施加拉力前应调平拉拔仪，保证拉力与芯样轴向一致，施加拉力的过程应缓慢均匀。

3.3.4　工程实例

我们在某市建业大厦根据试验设计方法进行了试验的实体验证，具体操作如下：

（1）采用内径44mm的金刚石或人造金刚石薄壁钻头在工程实体构件上钻取直径为44mm的芯样，将专用锚固件与小芯样连接，如图3-18、图3-19所示。

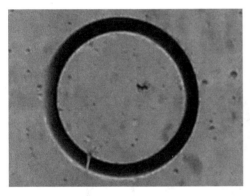
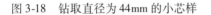

图3-18　钻取直径为44mm的小芯样　　　　图3-19　将专用锚固件与小芯样粘接

钻取芯样时应尽量保证芯样轴线与构件表面垂直，芯样钻完后不将其剔断，使用吹风机等设备将缝隙中残留的水分吹干，保证芯样侧面洁净干燥。

粘接时应保证锚固件与小芯样粘接牢固，且锚固件外壁不得与混凝土构件粘接以免造成试验误差。

（2）利用专用拉拔仪在锚固件上施加拉力，将小芯样拉断，取得芯样断裂时的拉力值，如图3-20所示。

施加拉力前应调平拉拔仪，保证拉力与芯样轴向一致，施加拉力的过程应缓慢均匀。

（3）每个混凝土构件需取得5个芯样的拔断数据，如图3-21所示。

（4）数据处理。

去掉5个数值中的最大值和最小值，取剩余3个数值的平均值作为该构件的

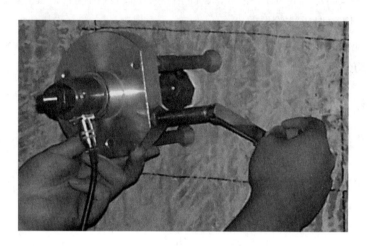

图 3-20　使用专用拉拔仪拔断芯样

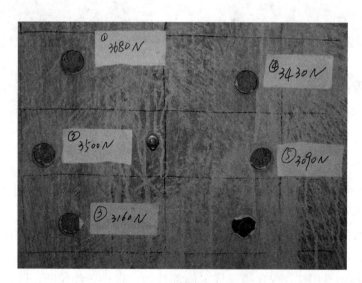

图 3-21　建业大厦九层 H×2~3 轴剪力墙五个小芯样拉拔完毕照片

拉拔力代表值，计算得出拉应力代表值 N_m，按式（3-15）计算得出该构件的混凝土抗压强度值：

$$f_{cu,i}^c = 25.294 N_m^{0.8266}$$

我们在建业大厦进行了试验的实体验证，具体数据见表3-5。

表 3-5　建业大厦数据

建业大厦七层 H×2~3 轴剪力墙 (28d)	直拔力值（N）	3330	3010	2380	2860	2530
	平均值为2800N，拉应力为1.93MPa，直拔法换算抗压强度值为43.5MPa，芯样强度推定值为44.6MPa					
建业大厦 九层 H×2~3 轴剪力墙 (60d)	直拔力值（N）	3680	3500	3160	3430	3090
	平均值为3363N，拉应力为2.32MPa，直拔法换算抗压强度值为50.6MPa，芯样强度推定值为48.4MPa					
建业大厦 十五层 H×2~3 轴剪力墙 (28d)	直拔力值（N）	1170	1860	1970	1660	2050
	平均值为1830N，拉应力为1.26MPa，直拔法换算抗压强度值为30.6MPa，芯样强度推定值为34.3MPa					
建业大厦 十五层 D~F×21 轴剪力墙 (60d)	直拔力值（N）	2300	1990	1610	2380	1940
	平均值为2077N，拉应力为1.43MPa，直拔法换算抗压强度值为34.0MPa，芯样强度推定值为41.7MPa					

3.3.5　小结

直拔法检测混凝土抗压强度技术对混凝土结构的破损非常轻微，不破坏配筋；检测程序高效快捷，在检测现场即可得出检测结论；检测精度较高，大量试验表明：此方法完全满足对混凝土抗压强度检测的精度要求；使用的仪器设备简单，所用的专用配件可以反复循环使用，利于推广实施。理论上适用于所有具备检测工作面的混凝土构件强度的检测。

3.4　小芯样抗折劈裂法

自从 1824 年英国人 Joseph Aspdin 发明了波特兰水泥以来，混凝土结构在建筑业中，已成为世界各国占主导地位的结构。过去一般采用低强度混凝土，现在随着材料及其他工业的发展及高层建筑的广泛普及，中等强度和高强度混凝土已从实验室走向工地，得到了广泛的应用。混凝土的质量如何，是关系到整个建筑物结构安全的关键。混凝土强度是高强混凝土质量最重要的力学性能指标。如何方便、快捷、准确地确定混凝土强度，对于监督、检测高强混凝土质量具有重要意义。

目前，国内对于较低强度混凝土较常采用的检测方法有：回弹法、超声法、回弹-超声综合法、拔出法及钻芯法。对于回弹法和回弹-超声综合法，使用范围为 10~50MPa，对于范围在 70~80MPa 的高强混凝土，一方面由于目前还没有这方面的统计资料，在实践中还无法应用；另一方面，由于用回弹法测混凝土表面硬度来推断混凝土强度，而对于高强混凝土，其强度很高，强度值变化较大时，回弹值变化并不大，造成分辨率降低，误差很大，很难用来检测高强混凝土的抗压强度。用超声法检测高强混凝土强度，较密的钢筋易使波形产生畸变，同时，混凝土含水率对波速有显著影响，且成品试件的含水率较难测定；用超声法测高强混凝土，同样有随着强度值增大、分辨率下降的问题。钻芯法直接从混凝土构件取样，具有其他方法不可比拟的优点，因此，高强混凝土宜采用钻芯法。

常规钻芯法是指钻取直径 100mm、150mm 的芯样。由于钻取芯样直径较大，对结构有一定损伤，钻取的芯样需要二次加工，试验步骤多、时间长、成本高。另外，对于薄细构件（厚度不大于 100mm）钻取长度为 100mm（或 150mm）的芯样是不可能的；对于高层建筑用高强混凝土浇筑的梁柱等构件，钢筋比较密集，钻取直径 100mm（或 150mm）的芯样难以实现，所以现行"钻取芯样法"在应用范围上有很大的局限性。针对这一情况，编者提出了用小芯样检测高强混凝土抗压强度的方法，进行试验研究。

同济大学用超声法做了检测高强混凝土抗压强度的尝试，但由于需要测试含水率，推广起来有很大困难；用小芯样来检测普通混凝土抗压强度，国内外已有多家单位分别采用劈裂、抗折、抗压手段进行了试验，建立起了普通混凝土抗压强度与这些试验参数（劈裂力、抗折力、抗压力）的对应关系；用小芯样检测高强混凝土的强度，需做大量的试验，确定高强混凝土的抗压强度随芯样破坏力的变化曲线。

3.4.1 理论依据

用小芯样检测高强混凝土抗压强度实质上是通过对小芯样的劈裂抗拉（劈裂）、弯曲抗拉（抗折）和抗压（抗压）强度来推定混凝土的强度。

混凝土的力学性能指标除抗压强度外，还有劈裂抗拉强度、弯曲抗拉强度、抗剪强度和抗扭强度等。实践证明，混凝土的抗压强度与这些参数存在内在的相关关系，这些参数随混凝土抗压强度的增高而增高。测定这些参数，对于确定混凝土抗压强度具有重要作用。

据中国建筑科学研究院的研究，高强混凝土的劈裂抗拉强度与抗压立方强度之间的关系为：

$$f_{t,s} = 0.3 f_{cu}^{2/3} \tag{3-16}$$

欧洲 CEB-FIP 规范建议公式为:

$$f_{t,s} = 0.3 \, (f_c)^{2/3} \tag{3-17}$$

美国高强混凝土委员会提出的公式为:

$$f_{t,s} = 0.61 \, \sqrt{f_c} \tag{3-18}$$

Conell 大学给出的公式为:

$$f_{t,s} = 0.61 \, \sqrt{f_c} \tag{3-19}$$

Shah 认为劈裂抗拉强度的平均值可以更好地用下式表示:

$$f_{t,s} = 0.4622 \, (f_c)^{0.55} \tag{3-20}$$

而其下限则为 $0.5 \, \sqrt{f_c}$。

日本有关人员研究后认为,不同骨料品种、不同的外掺混合料,对于高强混凝土拉、压强度的比值没有明显的影响。依田彰彦提出的经验算式为:

$$f_{t,s} = 0.054 f_c + 0.5 \tag{3-21}$$

而 Yamamoto 提出的经验算式为:

$$f_{t,s} = 0.06 f_c + 0.8 \tag{3-22}$$

关于高强混凝土的弯折强度,美国 ACI 高强混凝土委员会提出:

$$f_{t,s} = 0.97 \, \sqrt{f_c} \tag{3-23}$$

Conell 大学的试验则给出:

$$f_{t,s} = 0.9 \, \sqrt{f_c} \tag{3-24}$$

Shah 根据更多的国外试验结果,提出弯曲抗折强度的均值为:

$$f_{t,s} = 0.438 \, (f_c)^{2/3} \tag{3-25}$$

$$f_{t,s} = 0.381 \, (f_c')^{2/3} \tag{3-26}$$

由以上可知,高强混凝土劈裂抗拉强度、弯曲抗拉强度都与其立方体抗压强度存在着相关关系,所以用小芯样劈裂法和抗折法检测高强混凝土抗压强度是可行的。

不可否认,高强混凝土小芯样的抗压强度与其标准试块抗压强度间也存在相关关系。但是,高强混凝土小芯样的抗压强度因加工等条件的限制,其与试块抗压强度间的相关关系受到一定的影响,为了探索用小芯样抗压强度推定高强混凝土抗压强度的可行性，本项目做了一定数量的研究。

3.4.2　试验方法

1. 劈裂试验

与测试混凝土标准试块的劈裂抗拉强度不同，本研究项目采用如图 3-22 所示方法，即在与芯样圆柱轴线垂直的方向施加劈裂力（横劈法）。这种劈裂的优点有两点：第一，试验装置简单，用两个直径为 10mm 的高强度圆钢，作为加载头（替代原试验中的弧形垫条），易于加工；第二，试验时操作简便，无须在垫条和试件间加垫层，减小由于垫层的差异所带来的误差。

2. 抗折试验

抗折试验装置如图 3-23 所示，抗折试验的装置也与国家规范所规定的不同，考虑到试件加载时的受力状况（间距太小时所测结果不是抗折力而是剪力），芯样的支承间距还取用 75mm。

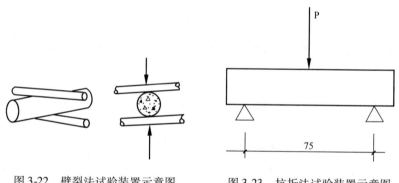

图 3-22　劈裂法试验装置示意图　　　图 3-23　抗折法试验装置示意图

3. 抗压试验

按照混凝土普通抗压试验所选试件的高径比，此次小芯样抗压试验高径比取为普遍采用的 1.0，即小芯样高度为 50mm。

以上三种试验的加荷速度按国家规范和规定执行，混凝土强度等级高于或等于 C30 时，取 0.05 ~ 0.08MPa/s（98 ~ 157N/s）。

3.4.3　试验介绍

1. 试验内容

一般认为，强度等级为 C25 及以下的混凝土称为低强混凝土；C30 到 C45 之间的为中强混凝土；C50 及以上为高强混凝土。在当前的施工中，混凝土最高强度等级一般为 C70，C80 及以上的混凝土现场应用较少。本研究项目对混凝土强度等级为 C35、C40、C45、C50、C60、C70 的检测进行了详尽的研究。

用小芯样检测高强混凝土的抗压强度试验研究，集中在对小芯样的劈裂力、抗折力、抗压力与同批混凝土标准试块的抗压强度的对应关系上，通过大量试验，运用数理统计知识，确定高强混凝土的抗压强度随小芯样劈裂力、抗折力、抗压力的变化曲线。

芯样直径选取 50mm，是基于以下几个方面的考虑：

（1）可减轻对结构构件的损伤；

（2）可尽量避免钻取钢筋且芯样钻取方便；

（3）便于薄细构件的检测应用；

（4）骨料粒径的影响：据相关研究发现，当芯样直径与骨料最大粒径之比大于 2.0 时，对芯样强度影响较小。因高强混凝土采用的粗骨料较小（最大粒径不宜超过 20mm），一般粗骨料的最大粒径为 12～15mm。对于直径为 50mm 的芯样，能够满足芯样直径大于骨料最大粒径 3 倍的要求。

2. 试验材料

（1）粗骨料粒径

不同粗骨料粒径，在做劈裂、抗折、抗压试验时，对所测结果的准确度和精度均有不可忽视的影响。实践表明，当芯样直径与骨料最大粒径之比大于 2.0 时，对芯样强度影响较小。为此，在试验中所选用的粗骨料粒径均小于 25mm。

（2）细骨料选用级配较好，且施工中常用的中砂

（3）水泥

由于水泥品种对混凝土的抗拉强度和抗压强度影响较小，所以，对于 C35～C40 混凝土，采用强度等级为 P·O 42.5 的普通硅酸盐水泥；对于 C45～C70 混凝土，采用强度等级为 P·O 52.5 的普通硅酸盐水泥。

3. 龄期

通常情况下，高强混凝土的抗压强度随龄期的增长而增加，龄期越长，强度亦较大，但超过一定时间后强度随龄期增长幅度变小，在超过一年（365d）后强度增长甚微。龄期越长，混凝土的抗拉强度亦随之增大。但龄期超过 28d 后，抗拉强度的增长幅度略低于抗压强度的增长。在试验中，为了考虑龄期的影响，本试验选用 28d、90d、180d、365d 龄期分别进行试验。

4. 试验参数与抗压强度对应关系的确定方法

对于此项目的研究，关键是得到小芯样的劈裂力、抗折力、抗压力与混凝土标准立方体抗压强度间的相关关系。同一配比混凝土的抗压强度是有变异性的，服从正态分布。但对于同批搅拌的混凝土，其变异性要小得多。因此，对于每组试件和钻芯标准试块，采用同批混凝土成型获得。

5. 试验基地及设备

本研究项目钻芯试件及标准试块制作数量较大，且对于高强混凝土，一般采用泵送商品混凝土，为此，选用 C35～C60 混凝土试件和标准试块的制作及加工，C70 混凝土试件和标准试块的制作由大新建筑材料厂配制、成型及养护，芯样加工均由具有丰富检测经验的人员完成。

试验主要设备见表 3-6。

表 3-6　试验主要设备

序号	名称	用途
1	混凝土钻芯机	钻取芯样
2	冲击钻	钻孔操作台打孔
3	搅拌机	混凝土搅拌
4	振动台	试件和标准试块成型
5	万能试验机	抗压和抗折试验
6	劈裂/抗折试验设备	测劈裂力和抗折力
7	混凝土切割机	芯样切割

本研究项目组研制出一量程为 0～30 的劈裂/抗折试验设备，如图 3-24 所示，对芯样进行劈裂和抗折试验。本试验设备的研制是基于以下考虑：

（1）因现有压力机量程太大，不能满足芯样劈裂及抗折时预期破坏荷载处于全量程的 20%～80% 的要求；

（2）现有的压力机两个工作台面中有一个为活动铰支座，无法保证两个工作台面的固定，即不能保证试验条件的唯一性；

（3）用砖抗折设备，该试验机量程又太小，且无法得到劈裂力；

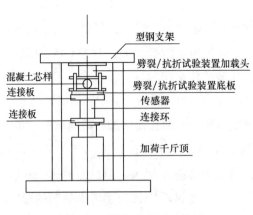

图 3-24　劈裂/抗折试验装置

（4）用本试验设备做劈裂/抗折试验，方便、快捷且准确，是其他改进装置所无法达到的。

6. 试件制作及加工

（1）原材料选用

① 水泥：C35～C40 混凝土用 P·O 42.5 的普通硅酸盐水泥；C45～C70 采用 P·O 52.5 的普通硅酸盐水泥；

② 粗骨料：碎石；

③ 细骨料：中砂。

（2）试件、试块尺寸

钻芯用试件尺寸为 200mm×250mm×350mm。

标准试块尺寸为 150mm×150mm×150mm。

（3）钻芯试件及标准试块制作数量

在 C35～C70 六个强度等级中，每强度等级制作钻芯试件数量 30 个，标准试块数量 90 个。

（4）钻芯试件及标准试块制作及养护

全部钻芯试件和标准试块按配比进行机械搅拌后，用振动台振捣成型，24h 后拆模，注明编号，标准试块进行标准养护，28d 后自然养护，钻芯试件采用自然养护。

（5）芯样钻取

待试件龄期达到规定的试验龄期，对试件进行钻芯。芯样在专用钻孔台上钻取，芯样直径为 50mm，长度为 250mm。每块试件上钻取芯样 6 个。钻芯完毕后，与标准试块同时进行试验，得出试验数据。

3.4.4　试验结果计算分析

1. 标准试块抗压及小芯样劈裂、抗折和抗压试验

试验所采用的 150mm×150mm×150mm 标准试块抗压强度试验，按现行国家标准《混凝土物理力学性能试验方法标准》（GB/T 50081）执行。

小芯样抗折试验，参照现行国家标准《砌墙砖试验方法》（GB/T 2542）执行，其中，试件边缘距支座不小于 10mm（芯样长度不小于 95mm），加荷时均匀平稳，速度为 0.05MPa/s（98N/s），直至试件折断为止。读出破坏荷载，即抗折荷重。

小芯样劈裂试验，参照现行国家标准《混凝土物理力学性能试验方法标准》（GB/T 50081）执行。其中，芯样长度应不小于 70mm。试件的试验加荷时连续而均

匀，加荷速度为 0.05MPa/s（98N/s），直至试件断裂为止。读出破坏荷载，即芯样劈裂力。

小芯样抗压试验，亦参照现行国家标准《混凝土物理力学性能试验方法标准》（GB/T 50081）执行，加荷速度为 0.05MPa/s（98N/s）。当试件接近破坏时，调整试验机油门，直至试验破坏，然后记下破坏荷载，作为小芯样的抗压力。

2. 数据处理

对于每组标准试块，按照现行国家标准《混凝土强度检验评定标准》（GB/T 50107）中规定的方法确定其强度代表值。即：

取三个数试件强度的算术平均值作为每组试件的强度代表值；

当一组试件中强度的最大值或最小值与中间值之差超过中间值的 15% 时，取中间值作为该组试件的强度代表值；

当一组试件中强度的最大值和最小值与中间值之差均超过 15% 时，该组试件的强度应不作为推定的依据；

对于每块混凝土试块上钻下的 6 个芯样，首先用劈裂法将其在中间折断，得到劈裂力，然后进行平均，得到劈裂力代表值；

劈裂折断后剩余的一部分用抗折法折断，得到抗折力，然后进行平均，得到抗折力代表值。

因抗压时需要对芯样进行切割、补平、打磨等加工，芯样端面平整度及端面与侧面的垂直度难以得到保证；而且芯样加工费时费力。因此，仅对其中的部分芯样进行了抗压试验。

劈裂试验和抗折试验所得数据用以下三种形式的回归方程进行处理。即：

直线型
$$y = a + bx \tag{3-27}$$
抛物线型
$$y = ax^2 + bx + c \tag{3-28}$$
幂函数型
$$y = ax^b \tag{3-29}$$
具体回归方程见表 3-7。

表 3-7 劈裂法和抗折法检测高强混凝土数据回归情况

方程形式	试验方法	回归方程	取样数	相关系数	相对标准误差（%）	平均相对误差（%）
直线型	劈裂法	$f_{cu,e} = -5.491 + 6.648P_{ts}$	167	0.84	11.01	8.96
	抗折法	$f_{cu,e} = 8.613 + 6.415P_f$	167	0.77	13.12	10.63

续表

方程形式	试验方法	回归方程	取样数	相关系数	相对标准误差（%）	平均相对误差（%）
抛物线型	劈裂法	$f_{cu,e} = -0.371P_{ts}^2 + 13.936P_{ts} - 40.501$	167	0.84	10.82	8.81
	抗折法	$f_{cu,e} = -0.239P_f^2 + 10.276P_f - 6.485$	167	0.77	13.09	10.49
幂函数型	劈裂法	$f_{cu,e} = 4.411P_{ts}^{1.138}$	167	0.84	11.13	8.76
	抗折法	$f_{cu,e} = 9.391P_f^{0.889}$	167	0.77	13.28	10.32

式中　$f_{cu,e}$——混凝土的抗压强度推定值；

　　　P_{ts}——芯样的劈裂力；

　　　P_f——芯样的抗折力。

具体回归曲线见图 3-25 ～ 图 3-30。

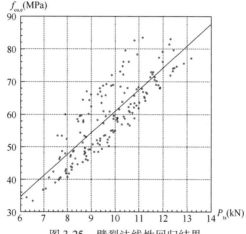

图 3-25　劈裂法线性回归结果

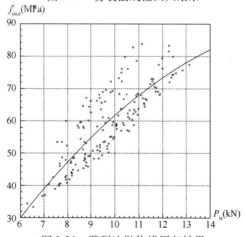

图 3-26　劈裂法抛物线回归结果

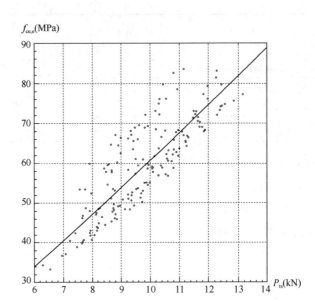

图 3-27 劈裂法幂函数回归结果

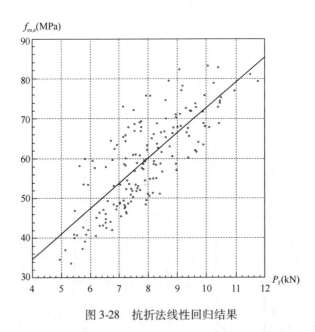

图 3-28 抗折法线性回归结果

从方程的相关性、准确度及使用诸方面综合考虑，最后选定幂函数方程作为实际应用的小芯样劈裂法、抗折法测定高强混凝土抗压强度的两条应用曲线。

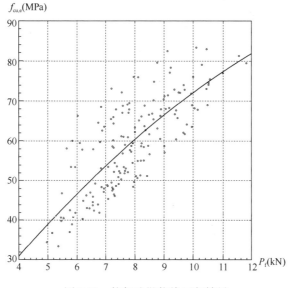

图 3-29　抗折法抛物线回归结果

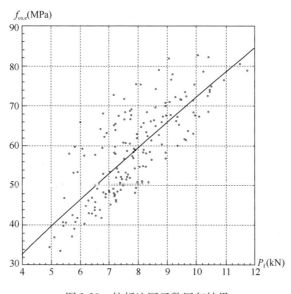

图 3-30　抗折法幂函数回归结果

　　小芯样抗压强度与标准立方体试块抗压强度间的关系见图 3-31。由试验结果可以看出，高强混凝土小芯样的抗压强度与标准试块抗压强度间的相关系数仅为 -0.04，离散性较大，无法用来推定高强混凝土的抗压强度。

　　3. 三种方法结果对比

　　从误差分析中可以看出，劈裂法与抗折法相比，误差较小。这是因为，芯样

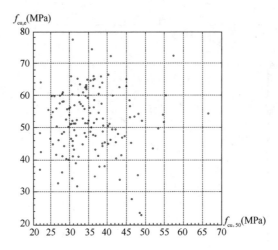

图 3-31　小芯样抗压强度与
标准立方体试块抗压强度间的关系

劈裂时，断面都是竖直的；而芯样抗折断裂时，有小部分断面是从支承部位斜断的，增大了误差。

芯样抗压法结果误差较大的原因主要有：

① 钻取芯样及芯样加工时对芯样有一定程度的损伤；

② 芯样端面平整度要求较高；

③ 芯样端面与侧面的垂直度不宜保证。

正是由于以上原因，使得小芯样抗压强度与标准试块抗压强度间的相关关系无法表现出来，用抗压法测高强混凝土抗压强度离散性较大。

综上所述，本研究小组认为，小芯样劈裂法检测高强混凝土抗压强度较抗折法和抗压法更准确。因此，推荐使用劈裂法。

4. 技术要求及适用范围

当用本研究项目所得结论检测高强混凝土抗压强度时，可参照现行行业标准《钻芯法检测混凝土强度技术规程》（JGJ/T 384）的有关条目执行。

芯样抗折试验时，芯样边缘距支座不小于 10mm（芯样长度不小于 95mm）；芯样劈裂时，芯样长度不小于 70mm。

对于推定单个构件或单个构件的局部区域时，钻取 3 个芯样做劈裂或抗折试验，取最小值计算出的强度换算值作为其代表值。当最小值与中间值之差超过中间值的 15% 时，在最小值芯样钻取处附近再钻取两个芯样，取最小值与加测的两个芯样强度的平均值作为其代表值。

当推定一批构件混凝土抗压强度时，按每个构件取一组芯样（3 个），由劈裂力或抗折力计算出混凝土抗压强度后，再根据现行国家标准《混凝土强度检验评定标准》（GB/T 50107）取舍，最后根据数理统计方法推定该批构件混凝土抗压强度，具体可参见现行国家标准《混凝土强度检验评定标准》（GB/T 50107）。

3.4.5 小结

（1）用小芯样检测高强混凝土抗压强度研究项目，通过大量试件和标准试块的试验及回归分析，得出了小芯样劈裂法、抗折法测定高强混凝土的抗压强度的测强曲线及关系式，并从中得出小芯样劈裂法用米测高强混凝土准确度较高。此项研究解决了实际工程检测中高强混凝土的检测问题，为高强混凝土的检测提供了一种简便的方法。

（2）用小芯样劈裂法测高强混凝土的抗压强度，具有破损小、费用低、方便、快捷的优点，而且能够达到一定的检测精度。

（3）研制的劈裂/抗折试验设备，能迅速、准确地测出小芯样的劈裂力和抗折力。

第4章 混凝土钢筋配置检测技术

钢筋是混凝土结构中最重要的元素之一，它直接决定了结构的抗压、抗剪、抗震、抗冲击性能，影响结构的安全性和耐久性。钢筋间距、钢筋保护层厚度、钢筋公称直径的有效检测，是评定钢筋混凝土结构耐久性好坏的重要前提，没有可靠的检测数据就无法对建筑物做出准确的评价。混凝土结构钢筋无损检测技术就是在不影响其使用性能的前提下，利用声、光、电、磁、热及射线等物理方法，测定与结构相关的某些物理参数，通过测得的物理参数与结构强度尺寸及完整性等的相关性分析达到检测的目的。其检测时注意以下几点：

（1）采用的检测方法不适用于含有铁性物质的混凝土检测；

（2）应根据钢筋设计资料，确定检测区域内钢筋可能分布的状况，选择适当的检测面。检测面应洁净、平整，并应避开金属预埋件；

（3）对于具有饰面层的结构及构件，应清除饰面层并在混凝土面上进行检测；

（4）钻孔、剔凿时，不得损坏钢筋，实测应采用游标卡尺，量测精度应为 0.1mm。

4.1 钢筋间距及保护层厚度检测

4.1.1 钢筋的电磁感应检测法

在二十世纪七八十年代发展了电磁感应法（又称涡流法）的钢筋无损检测仪。九十年代，进口设备占市场的主导地位，常用的有瑞士 Profomete 系列钢筋仪、英国 CM9 系列钢筋仪、德国喜利得 PS 系列钢筋仪等。这类仪器价格昂贵，测试范围比较小，一般只有 50mm 左右，严重制约了该项检测技术的普及应用。2000 年，国内研究单位纷纷推出了国产化钢筋检测仪，经过几年的更新换代，测试范围和测试精度大大提高，设备价格也降了下来。现在市场上主流的设备测试深度 170mm 左右，浅层钢筋（70mm 以内）厚度测试精度达到 ±1mm，钢筋直径测试精度 ±2mm，完全能够满足工程检测和规范的要求。目前，国产钢筋检测仪已经在市场上占主导地位，并已成为检测单位的必备工具之一，进口钢筋检测仪由于价格高、服务周期长等原因，其市场正在逐渐减小。

1. 钢筋定位仪的工作原理

当穿过闭合线圈的磁通改变时，线圈中出现电流的现象叫作电磁感应。当整块金属内部的电子受到某种非静电力（如由电磁感应产生的洛伦兹力或感生电场力）时金属内部就会出现感应电流，这种电流为涡流。由于多数金属的电阻率很小，因此不大的非静电力往往可以激起很大的涡流。电磁感应及涡流原理是钢筋定位仪检测的理论基础，基本原理如图 4-1 和图 4-2 所示。

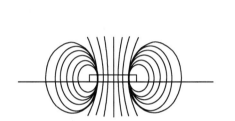 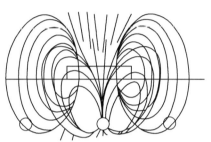

图 4-1　没有磁性介质（钢筋）
　　　　　时磁场分布形状

图 4-2　有磁性介质（钢筋）
　　　　　时磁场分布形状

根据电磁感应原理，由主机的振荡器产生频率和振幅稳定的交流信号。送入探头的激磁线圈，在线圈周围产生交变磁场。引起测量线圈出现感生电流，产生输出信号。当没有铁磁性物质（如钢筋）进入磁场时，由于测量线圈的对称性，此时输出信号最小。而当探头逐渐靠近钢筋时，探头产生交变磁场在钢筋内激发出涡流。而变化的涡流反过来又激发变化的电磁场，引起输出信号值慢慢增大。探头位于钢筋正上方，且其轴线与被测钢筋平行时，输出信号值最大，由此定出钢筋的位置和走向。

当不考虑信号的衰减时，测量线圈输出的信号值 E 是钢筋直径 D 和探头中心至钢筋中心的垂直距离 y，以及探头中心至钢筋中心的水平距离 x 的函数。可表示为：

$$E = f(D, x, y) \tag{4-1}$$

当探头位于钢筋正上方时，$x = 0$。此时可简单地表达为：

$$E = f(D, y) \tag{4-2}$$

因此，当已知钢筋直径 D 时，根据测出信号值 E 的大小，便可以计算出 y，从而得出保护层厚度 $c = y - D/2$。

由式（4-2）知，E 是一个二元函数，要测出 D，必须测量两种状态下的信号值 E。建立方程组并求解而得：

$$E_1 = f(D_1, y_1) \tag{4-3}$$

$$E_2 = f(D_2, y_2) \tag{4-4}$$

目前主要通过下面两种方式来测量钢筋直径。

（1）内部切换法：探头置于钢筋正上方，轴线与被测钢筋平行。仪器自动切换测量状态测量两次，得出直径测量值。该方法无须变换探头位置，减少了产生误差的环节，快捷方便，容易操作。

（2）正交测量法：探头置于钢筋正上方，其轴线与被测钢筋平行、垂直时各测量一次，得出直径测量值。该方法因测量过程中变换位置引入了两次测量误差。

2. 钢筋定位仪的检测技术

1）检测前，应进行下列准备工作：

（1）根据设计资料了解钢筋的直径和间距；

（2）根据检测目的确定检测部位，检测部位应避开钢筋接头、绑丝及金属预埋件，检测部位的钢筋间距应符合电磁感应法钢筋探测仪的检测要求；

（3）根据所检钢筋的布置状况，确定垂直于所检钢筋轴线方向为探测方向，检测部位应平整光洁；

（4）应对仪器进行预热和调零，调零时探头应远离金属物体。

检测前应进行预扫描，电磁感应法钢筋探测仪的探头在检测面上沿探测方向移动，直到仪器保护层厚度示值最小，此时探头中心线与钢筋轴线应重合，在相应位置做好标记，并初步了解钢筋埋设深度。

重复上述步骤，将相邻的其他钢筋位置逐一标出。

2）钢筋混凝土保护层厚度的检测应按下列步骤进行：

（1）应根据预扫描结果设定仪器量程范围，根据原位实测结果或设计资料设定仪器的钢筋直径参数。沿被测钢筋轴线选择相邻钢筋影响较小的位置，在预扫描的基础上进行扫描探测，确定钢筋的准确位置，将探头放在与钢筋轴线重合的检测面上读取保护层厚度检测值。

（2）应对同一根钢筋同一处检测两次，读取的两个保护层厚度值相差不大于 1mm 时，取两次检测数据的平均值为保护层厚度值，精确至 1mm；相差大于 1mm 时，该次检测数据无效，并应查明原因，在该处重新进行两次检测，仍不符合规定时，应该更换电磁感应法钢筋探测仪进行检测或采用直接法进行检测。

（3）当实际保护层厚度值小于仪器最小示值时，应采用在探头下附加垫块的方法进行检测。垫块对仪器检测结果应不产生干扰，表面应光滑平整，其各方向厚度值偏差应不大于0.1mm。垫块应与探头紧密接触，不得有间隙。所加垫块厚度在计算保护层厚度时应予扣除。

3）钢筋间距的检测应按下列步骤进行：

（1）根据预扫描的结果，设定仪器量程范围，在预扫描的基础上进行扫描，确定钢筋的准确位置；

（2）检测钢筋间距时，应将检测范围内的设计间距相同的连续相邻钢筋逐一标出，并应逐个测量钢筋的间距。当同一构件检测的钢筋数量较多时，应对钢筋间距进行连续测量，且不宜少于6个。

4）遇到下列情况之一时，应采用直接法进行验证：

（1）认为相邻钢筋对检测结果有影响；

（2）钢筋公称直径未知或有异议；

（3）钢筋实际根数、位置与设计有较大偏差；

（4）钢筋以及混凝土材质与校准试件有显著差异。

当采用直接法验证时，应选取不少于30%的已测钢筋且应不少于7根，当实际检测数量小于7根时，应全部抽取。

3. 影响检测精度的因素

通过对钢筋定位仪的工作原理和检测过程的分析，可知该仪器是通过测量钢筋被激发产生的交变电磁场的强度来判定钢筋的位置，计算钢筋的直径及混凝土保护层的厚度。因而影响其检测精度的客观因素可归结为下列几类：

（1）仪器的测量误差。

目前使用的仪器测量精度很高，引起的误差很小。

（2）钢筋的电磁特性、几何形态。

钢筋定位仪实际上测量的是线圈产生的感应电动势而无论自感还是互感，均取决于线圈的几何形态（形状、大小、匝数等）和电磁特性（钢筋产生涡流后，也相当于一个线圈）。结构物中的钢筋因杂质含量、锈蚀程度等不同，其电磁特性有所不同，自然会影响测试精度。螺纹筋与光圆筋、弯筋与直筋因形状上有差异，测试精度便有所不同。

（3）混凝土的电磁特性。

测量时，电磁波在混凝土中来回传播，其能量会衰减。当混凝土中有缺陷时，电磁波还会产生反射、散射现象，能量进一步下降。电磁波在介质中传播的衰减大小主要取决于介质的介电常数 ε 和电阻率 ρ。ε 越大，ρ 越小，电磁波的衰减越大。混凝土的电磁性质不稳定，相对介电常数 ε 在 $8\sim18$ 之间，电阻率 ρ 在 $4000\sim8000\Omega\cdot m$ 之间，引起电磁波的衰减程度不一样，必然会影响测试精度。

（4）相邻钢筋的影响。

运用钢筋定位仪测量时，附近的钢筋均会产生电磁感应，测量信号实际上是一个综合信号。因而，同层钢筋的间距、第二层钢筋与第一层钢筋的排距和相对位置都会影响检测精度，当钢筋靠得很近时，如 T 梁底的主筋，钢筋的直径和数量均无法确定。德国水泥工业研究所研究表明，用钢筋探测仪测试平行的钢筋时，钢筋间距应不小于其保护层厚度的 1.5 倍。测定钢筋直径要求钢筋间距大于 2.5 倍保护层厚度。

（5）环境磁场的干扰。

钢筋定位仪对电磁场的反应较为灵敏，环境磁场以及附近的铁磁性物质也对测试有一定的影响。

其中（3）和（4）是影响检测的主要因素，但目前均难以定量化，未能通过有效的计算来消除，还需作进一步的探索、研究。此外，测量时的一些人为因素也会影响检测精度。

4. 提高检测精度的方法

（1）预设钢筋直径。

预设值接近混凝土内钢筋真实值时，测试误差小，测试精度高。

（2）选择合适的挡位。

保护层厚度在 60mm 以内时，用浅层测试挡，超过 60mm 时，用深层测试挡。

（3）避免环境磁场干扰。

检测前，操作员应移去手机、钥匙、附近的铁磁性物，以避免影响探头清零和测试的准确性。

（4）探头复位。

测试过程中，探头上或多或少有一些剩磁存在，影响测试。此时要将探头举到空气中进行复位操作，以提高测试精度。很多生产厂家在演示或销售钢筋检测仪时并不主动说明复位操作的重要性，但是这步操作却是非常重要的。厂家不说明，并不表示它们的仪器不需要复位。电磁原理决定了任何钢筋仪都存在这类问题，所以，检测时要引起重视。

（5）确定钢筋走向。

一般根据设计资料或经验确定，如果无法确定，应在两个正交方向多点扫描，以确定钢筋位置。

（6）快慢结合。

离钢筋较远时，探头移动速度可以快一点；当接近钢筋正上方时，要缓慢移动，并在钢筋正上方附近来回移动，以准确确定钢筋位置和混凝土保护层厚度。

（7）选择干燥的位置检测。

混凝土的 ε 和 ρ 主要是受其含水量的影响，含水量越高，ε 越大，ρ 越小，信号的衰减越大，精度也越差。

（8）避开无关钢筋的干扰。

测竖向钢筋时，要先扫描横向钢筋，在相邻的两根横向钢筋之间布置测线，且尽量布置在两根横向钢筋的中间位置；扫描梁类构件时，还要避开弯筋、箍筋、拉接筋、腰筋等干扰。被测钢筋与相邻钢筋的间距应大于 100mm，检测时应避开钢筋接头和绑丝。

（9）当保护层很小（如小于 5mm）时，最好加一些光滑平整垫块（非铁磁性材料）进行检测；检测后把垫块厚度减去即可。

（10）钢筋直径测试，要求先准确定位钢筋，即探头必须在钢筋正上方，否则测试结果要大于实际值，因此现场应至少测试 3 次并选择最小值为钢筋直径。

（11）混凝土保护层厚度测试，先查阅相关设计资料确定钢筋布置和钢筋直径后再测试，若无相关设计资料可查，要先测试确定钢筋布置和钢筋直径后，再测试混凝土保护层厚度，以减小测试误差。

（12）必要时用钻孔、剔凿等方法验证。

4.1.2 钢筋的探地雷达检测法

探地雷达作为无损检测的一种方法越来越受到工程检测人员的青睐，探地雷达检测是利用电磁波在介质中的传播，记录其传播的时间、电磁场强度以及波形等属性，推断地下埋藏物的结构特征的一种物理探测方法，也是目前应用最广泛的无损检测方法之一，相比于其他的检测方法，尤其是与传统的钻孔取芯方法相比，探地雷达方法的优点是无损、成本低、检测速度快。探地雷达能够连续检测混凝土结构，其检测范围比较大。而钻孔取芯只能提供混凝土结构上少数点的信息，试图用该方法发现混凝土结构质量问题是不可靠的。因此，像雷达检测这样的无损检测方法势必将成为工程检测行业的主流方法。

1. 探地雷达基本原理

探地雷达是利用一个天线发射高频率宽带调幅脉冲电磁波，另一天线接收来自地下介质界面的反射波。依照电磁波所具有的波动性，传播时在不同介质的分界面存在的反射和折射，入射波、反射波和折射波的方向遵循反射定律和折射定律，其传播路径、电磁场强度与波形将随所通过的介质的电性质及几何形态变化而变化，因此我们根据接收到的波的旅行时间、幅度和波形等，可以推测介质的结构。因为，电磁波传播理论与弹性波的传播理论有

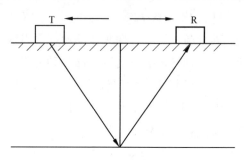

图4-3　探地雷达探测原理

许多类似的地方，两者都遵循同一形式的波动方程，只是方程中变量代表的物理意义不同。雷达波与地震波在运动学上也有相似性，在数据处理时可以加以利用，因而目前探地雷达资料处理的许多技术就是来源于地震资料的处理。图4-3就是探地雷达的原理图。

图4-3中T为发射器，R为接收器，脉冲波行程需要时间 $t = \sqrt{4Z^2 + X^2}/V$。当地下介质的波速 V 为已知量时，可根据测得的精确 t 值，由上式求出反射体的埋置深度（m）。式中，X（m）的值在剖面探测中是固定的，V（m/ns）可以用宽角方式直接测量，也可以根据 $V = c/\sqrt{\varepsilon}$ 近似算出。其中 c 为光速（$c = 0.3$m/ns），ε 为地下介质的相对介电常数。雷达图形常以脉冲反射波的波形形式记录。波形的正负峰分别以黑、白色表示，或者以灰色或彩色表示。这样，同相轴或等灰度、等色线可形象地表征地下反射面。

2. 探地雷达的技术参数

1）探地雷达的探测方式

目前常用的双天线探地雷达观测方式主要有三种：剖面法、共中心点法和宽角法。

（1）剖面法

这是发射器（T）和接收器（R）以固定间隔距离沿测线同步移动的一种测量方式，如图4-4所示。发射器和接收器同时移动一次便获得一个记录。当发射器与测量器同步沿测线移动时，就可以得到由一个个记录组成的地质雷达时间剖面图像。

（2）共中心点法

两天线在被测物同一面从零天线距开始向测线两端等距离移动，如图 4-5 所示。它主要是用来求取地下介质的电磁波传播速度。

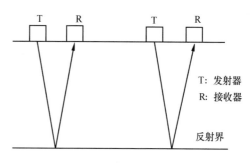

图 4-4　剖面法

（3）宽角法

当一个天线固定在地面某一点上不动，而另一个天线沿测线移动，记录地下各个不同层面反射波的双程走时，这种测量方法称为宽角法，如图 4-6 所示，此方法也是用来测定介质速度的。

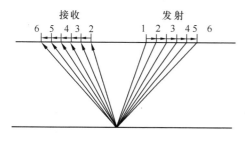

图 4-5　共中心点法

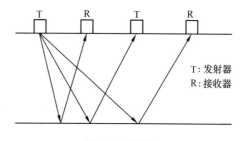

图 4-6　宽角法

2）探地雷达的分辨率

探地雷达的分辨率就是雷达分辨最小异常物的能力，可分为垂直分辨率与水平分辨率。

（1）垂直分辨率

我们把探地雷达在垂直方向能够区分两个反射界面的最小距离称为垂直分辨率。它主要用来揭示薄的软夹层的存在，垂直分辨率越高，其反映出的薄夹层厚度越薄。根据 Widess（1973 年）的模型，一般来说 $\lambda/8$ 是作为垂直分辨率的极限，但考虑到干扰噪声等因素的影响，一般把 $\lambda/4$ 作为垂直分辨率的下限。

（2）水平分辨率

探地雷达的水平方向上所能够分辨的最小异常体的尺寸就称为水平分辨率。根据波的干涉原理，法线反射波与第一 Fresnel 带外缘的反射波的光程差 $\lambda/2$（双程光路），反射波之间发生相长性干涉，振幅增强。而第二 Fresnel 带内的反射则发生相消性干涉，振幅减弱。当反射界面的埋深为 H，λ 为雷达子波的波长，发射、接收器之间的距离远小于 H 时，第一 Fresnel 带的直径可按下式计算：

$$d_F = \sqrt{\lambda H/2} \tag{4-5}$$

由上式可以知道 d_F 是水平分辨率的最小尺度，当目标体埋深越大，雷达波频率越低时，波长越长，d_F 则越大，水平分辨率越低；反之，水平分辨率越高。

探地雷达在检测混凝土构件的精度与其纵横向分辨率有关，分辨率与所用天线的工作频率和介质的吸收特性有关，而天线频率的选用则主要根据被测物件的厚度与欲检测的最小缺陷尺寸及该缺陷所处位置来确定吸收特性主要与介质的磁导率、电导率、电容率及电磁波的频率相关。由于电磁波在有耗介质传播过程中，其能量因介质的吸收而迅速衰减，频率越高，衰减越快。欲探测的深度愈大，就需要选择低频天线工作，其分辨率也随之降低。因此天线工作频率的选择要根据目标深度及其分辨的最小尺度综合考虑。不能为追求高分辨率而使用高频天线工作，从而天线的有效探测深度达不到欲探测目标体的深度，也不能以牺牲必须分辨的最小目标而追求大的探测深度。

3）探地雷达的探测深度

探地雷达所能探测到最深的目标体的深度称为探地雷达的探测深度。当雷达系统选定后，系统的增益 $Q = W_t/W_r^n$（W_t 为仪器的发射功率，W_r^n 为接收系统背景噪声功率）就确定了，因此只要到达接收器的回波信号幅度大于 W_r^n，该回波就可被雷达系统识别。于是探测深度就归结为求目标体回波的大小。

雷达天线的接收功率为：

$$W_r = W_t \eta_t \eta_r G_t G_r \sigma_s G_s \frac{\lambda^2}{64\pi^3 r^4} e^{-4\beta r} \tag{4-6}$$

式中　　η_t——接收器的效率；

　　　　η_r——发射器的效率；

　　　　G_r——接收器的方向增益；

　　　　G_t——发射器的方向增益；

　　　　G_s——散射增益；

　　　　σ_s——目标体的散射截面；

　　　　r——天线与目标体的间距；

　　　　β——介质的吸收系数。

该式又称为雷达探距公式。但该式需要知道的参数太多，而且有些也难以获取，所以在实际检测中一般使用 Annan 给出的估算式，估算式如下：

当介质吸收系数 $\beta < 0.1 \text{db/m}$ 时，最大探测深度应该满足

$$d_{max} < \frac{30}{\beta} \text{ 或 } d_{max} < \frac{35}{\beta} \text{。}$$

3. 雷达仪检测技术

雷达法宜用于结构或构件中钢筋间距和位置的大面积扫描检测以及多层钢筋的扫描检测；当检测精度符合标准规定时，也可用于混凝土保护层厚度检测。

1）钢筋检测应按下列步骤进行：

（1）根据检测构件的钢筋位置选定合适的天线中心频率。天线中心频率的选定应在满足探测深度的前提下，使用较高分辨率天线的雷达仪；

（2）根据检测构件中钢筋的排列方向，雷达仪探头或天线沿垂直于选定的被测钢筋轴线方向扫描采集数据。场地允许的情况下，宜使用天线阵雷达进行网格状扫描；

（3）根据钢筋的反射回波在波幅及波形上的变化形成图像，来确定钢筋间距、位置和混凝土保护层厚度检测值，并可对被检测区域的钢筋进行三维立体显示。

2）遇到下列情况之一时，宜采用直接法验证：

（1）认为相邻钢筋对检测结果有影响；

（2）当无设计图纸时，需要确定钢筋根数和位置；

（3）当有设计图纸时，钢筋检测数量与设计不符或钢筋间距检测值超过相关标准允许的偏差；

（4）混凝土未达到表面风干状态；

（5）饰面层电磁性能与混凝土有较大差异。

当采用直接法验证时，应选取不少于 30% 的已测钢筋且应不少于 7 根，当实际检测数量不到 7 根时应全部抽取。

4. 探地雷达影响因素

探地雷达是浅部勘探的一种有效的勘探方法。探地雷达探测技术与其他地球物理勘查技术一样，其探测效果与其应用条件密切相关。电导率、磁导率、介电常数、探测频率四个因素对探地雷达探测效果具有密切的关系，对探地雷达探测深度、分辨率以及精度具有重要的影响。

（1）介质电导率的影响

大量电荷的定向运动形成电流。导电媒质中的电流称作传导电流。电流的大小用电流强度表示，但是电流强度并不能描述电流在电流场中的分布情况，而电流产生的场与电流分布有关。为此定义了电流密度这个物理量，用 J 表示。空间中任何一点的电流密度 J 定义为，单位时间垂直穿过以该点为中心的单位面积的电量，方向为正电荷在该点的运动方向。

大量试验证明，对于传导电流，导电媒质中的电流密度与该点的电场强度成正比，即

$$J = \sigma E \tag{4-7}$$

σ 代表了介质的导电性能，其值越大，导电能力越强。

不同的介质，导电性能不同，其 σ 值就不同；同一介质，在不同的温度、湿度等环境条件下，电导率也有区别。表 4-1 给出了几种介质在常温条件下的电导率值。

环境电导率是影响探地雷达探测深度的重要因素，高频电磁波在地下介质的传播过程中会发生衰减，其衰减常数满足式（4-8）

$$\beta = \overline{\omega}\sqrt{\frac{\mu\varepsilon}{2}\left[\sqrt{1 + \left(\frac{\sigma}{\omega\varepsilon}\right)^2} - 1\right]} \tag{4-8}$$

式中　β——衰减常数；

　　　$\overline{\omega}$——电磁波的频率；

　　　ε——环境的介电常数；

　　　σ——环境的电导率；

　　　μ——环境的磁导率。

表 4-1　常温下介质的电导率 　　　　　　　　（ms/m）

介质类型	电导率	介质类型	电导率
空气	0	饱和砂	0.1 ~ 1
淡水	0.5	干黏土	1 ~ 10
海水	3×10^4	饱和黏土	$10^2 ~ 10^3$
冰	—	金属（铁）	10^{10}
干砂	0.01	干普通混凝土	1
岩石	$10^{-3} ~ 10^{-2}$	湿普通混凝土	20
花岗岩	0.01 ~ 1	沥青	—
石灰石	0.5 ~ 2	聚氯乙烯（PVC 塑料）	1.34

由于探地雷达的工作频率较高，一般认为高频电磁波在地下介质的传播过程满足介电极限条件。则高频电磁波的衰减系数满足下式

$$\beta \approx \frac{\sigma}{2}\sqrt{\frac{\mu}{\varepsilon}} \tag{4-9}$$

当电磁波急剧衰减时，穿透深度很小，仅存在于介质表面附近，称为趋肤效应。电磁波因此仅存在于介质表面附近一定深度范围之内。为了衡量电磁波在介质中衰减的程度，定义电磁场衰减到表面处振幅 $1/e$ 倍的深度为趋肤深度，以 δ 表示，由

$$e^{-\beta\delta} = \frac{1}{e} \tag{4-10}$$

得趋肤深度

$$\delta = \frac{1}{\beta} = \frac{2}{\sigma}\sqrt{\frac{\varepsilon}{\mu}} \tag{4-11}$$

实际上，由于大地电阻率一般都比较低，达不到介电极限条件，其工作条件介于准静态极限（$\omega\varepsilon = 0$）与介电极限条件之间。对于静态极限，其趋肤深度为

$$\delta = \sqrt{\frac{2}{\mu\omega\sigma}} = \frac{1}{\sqrt{\pi f\mu\sigma}} \tag{4-12}$$

可见无论工作条件是在介电极限还是在准静态极限条件，或者是介于两者之间，其趋肤深度都是随电导率的增大而减少，即环境的电导率越低，高频电磁波的衰减越慢，探测深度越大。对于常见的非饱和含水土壤和沉积型地基，其电导率的大小主要受含水量及黏土含量的影响，存在以下经验公式：

$$\sqrt{\sigma} = n(1-s)\sqrt{\sigma_a} + ns\sqrt{\sigma_w} + (1-n)\sqrt{\sigma_s} \tag{4-13}$$

式中　σ_a——空气的电导率；

　　　σ_w——水的电导率；

　　　σ_s——土的电导率；

　　　n——孔隙率；

　　　s——含水饱和度。

（2）介电常数和磁导率的影响

全部空间区域为真空、没有实体物质的理想情况，在电磁学中被称作自由空间，实际上，现实空间是充满物质的，在电磁学中，一般称其为介质（或媒质）。物质是由分子组成的，而分子又是由原子组成的。每个原子是由带正电的原子核与绕其旋转并带负电的电子组成。当正负电荷中心不重合时，介质分子是有极性分子。有极性分子的正负电荷中心不重合相当于一个电偶极子，具有一定

的分子电偶极矩，产生电场。在由这种有极性分子组成的介质中，由于分子的热运动，每个分子电偶极矩的取向是随机的，排列是杂乱无章的，在一个任意小的宏观体积中，包含有大量这样的分子其电偶极矩的统计平均值为零，它们产生的电场也互相抵消。也就是说有极性分子组成的介质也呈电中性。

当介质被放入电场之后组成介质的分子中的正负电荷中心就会受到电场力的作用产生位移，从而介质中平均每个分子都具有电场方向的电偶极矩分量，使组成介质的大量分子的电偶极距统计平均值不为零，对外产生电场。这种现象叫介质极化。介质极化是介质在电场中的反映。因此，极化强度不仅与电场有关并且与介质自身的物质结构有关。介质在极化过程中，电场使分子中的正负电荷中心沿着电场方向有平均位移，电场做了功，将电场能量以分子的机械势能的形式存储在介质中。

对于给定的介质，在一定的物理条件下（温度、密度等），介质的介电常数是定值，介电常数反映了处于电场中的介质存储电荷的能力。介质的介电常数，除了与介质自身性质有关之外，主要受介质的含水量以及孔隙率影响，与电导率相类似，也存在以下经验公式：

$$\sqrt{\varepsilon} = n(1-s)\sqrt{\sigma_a} + ns\sqrt{\sigma_w} + (1-n)\sqrt{\sigma_s} \tag{4-14}$$

通常把一种介质的介电常数与空气介电常数的比称为相对介电常数。相对介电常数的范围为：1（空气）~81（水）。

表4-2 常见介质的相对介电常数

介质类型	相对介电常数 ε_r	介质类型	相对介电常数 ε_r
空气	1	饱和砂	20~30
淡水	81	干黏土	3
海水	81	饱和黏土	5~10
冰	3.2	金属（铁）	300
干砂	3~5	干普通混凝土	4~10
岩石	4~10	湿普通混凝土	10~20
花岗岩	4~6	沥青	3~5
石灰石	4~8	聚氯乙烯（PVC塑料）	3.3

高频电磁波在介质中的传播速度主要取决于介质的介电常数，其速度采用下式：

$$v = c/\sqrt{\varepsilon} \tag{4-15}$$

式中　c——光速。

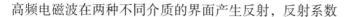

高频电磁波在两种不同介质的界面产生反射，反射系数

$$R = \frac{\sqrt{\varepsilon_1} - \sqrt{\varepsilon_2}}{\sqrt{\varepsilon_1} + \sqrt{\varepsilon_2}} \qquad (4\text{-}16)$$

由于探地雷达是接收反射波的信息来探测目标体，而反射信号的强弱取决于介电常数的差异。因此，介电常数的差异是探地雷达应用的先决条件。

由于类似的原因，即介质分子中电子的轨道运动和自旋运动形成环形电流-分子环流，就是磁偶极子。由于外磁场的作用，使得物质中大量磁偶极子的磁场不能抵消，对外呈现磁性，即产生介质的磁化现象。那么，磁导率 μ 就是表示介质磁特性的重要参数，不同的介质，磁导率不同，介质的磁导率越低，探地雷达的探测深度就越深。

（3）探测频率的影响

一般的探地雷达都拥有多种频率的天线，一些厂家的天线中心频率低频可达到 16MHz，高频可达到 2GHz。通常，把探测时所采用的天线中心频率称为探测频率，而其实际的工作频率范围是以探测频率为中心的频带，探测频率主要影响探测的深度和分辨率。

当探地雷达工作在介电极限条件时，高频电磁波的衰减几乎不受探测频率的影响，比如，电磁波在空气中传播，由于不存在传导电流，电磁波不发生衰减。但实际上，由于大地电阻率一般比较低，其工作条件达不到介电极限条件。由于传导电流的存在，高频电磁波在传播过程中发生衰减，其衰减的程度随电磁波频率的增加而增加。

因此，在实际工作时，必须根据目标体的探测深度选用合理的探测频率。在工程地质勘察中，勘察深度一般在 5～30m，选择低频探测天线，要求探测频率低于 100MHz；对于浅部工程地质，探测深度在 1～10m，探测频率可选择 100～300MHz；对于探测深度在 0.5～3.5m 的工程、环境以及考古勘察工作，探测频率可选用 300～500MHz；对于混凝土、桥梁裂缝等厚度在 0～1m 的检测，探测频率一般选用 900MHz～2GHz。

探测频率是制约探测深度的一个关键因素，同时也决定了探测的垂直分辨率，一般是探测频率越高，探测深度越浅，探测的垂直分辨率越高。对于层状地层，以 T_m 表示可分辨的最小层厚度，λ 为高频电磁波的波长，则有 $T_m = 0.5\lambda$，由于 $\lambda = v/f$，其中，v 为电磁波的传播速度，f 为电磁波的频率，而又因 $v = c/\sqrt{\varepsilon}$，于是 $T_m \approx c/2f\sqrt{\varepsilon}$。

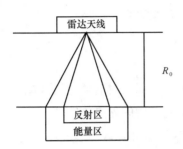

图4-7 雷达天线发射覆盖区

由此可见，探测频率和介质的介电常数是决定垂直分辨率的两个主要因素。探测频率也是制约水平分辨率的一个关键因素。探地雷达向地下传播是以一个圆锥体区域向下发送能量，如图4-7所示。

电磁波的能量主要聚集在能量区，而不是一个单点上。在能量区的中央有一个称为第一 Fresnel 带的区域。雷达接收的反射波能量主要来自该区域，因此，反射波的信号反映的是反射区内介质的平均效应，也就是说，当水平尺度小于反射区尺度时，雷达是难以分辨的，而反射区的半径 R_t，主要由电磁波的波长 λ 和反射面的深度 R_0 决定，其关系为

$$R_t = (\lambda R_0 + 1/4^2\lambda)^{1/2}$$

电磁波频率越高，波长越短，反射区的半径越小，水平分辨率高。

从前面的分析中可以看出，探地雷达的应用效果受应用条件，如环境电导率、介电常数等因素的制约，同时也受仪器的性能，如天线的频率特性以及工作方法的影响。

4.1.3 钢筋的直接检测法

当遇到不适用于电磁感应法和雷达法对钢筋间距及保护层厚度进行检测时，可采用直接法进行检测，参考以下步骤。

1）混凝土保护层厚度检测步骤

（1）采用无损检测方法确定被测钢筋位置；

（2）采用空心钻头钻孔或剔凿去除钢筋外层混凝土直至被测钢筋直径方向完全暴露，且沿钢筋长度方向不宜小于2倍钢筋直径；

（3）采用游标卡尺测量钢筋外轮廓至混凝土表面的最小距离。

2）钢筋间距检测步骤

（1）在垂直于被测钢筋长度方向上对混凝土进行连续剔凿，直至钢筋直径方向完全暴露。暴露连续分布且设计间距相同的钢筋不宜少于6根；当钢筋数量少于6根时，应全部剔凿。

（2）采用钢卷尺逐个量测钢筋的间距。

4.1.4　仪器性能

1）仪器允许误差要求

用于混凝土保护层厚度检测的仪器：当混凝土保护层厚度为 10~50mm 时，保护层厚度检测的允许偏差应为 ±1mm；当混凝土保护层厚度大于 50mm 时，保护层厚度检测允许偏差应为 ±2mm。

用于钢筋间距检测的仪器：当混凝土保护层厚度为 10~50mm 时，钢筋间距的检测允许偏差应为 ±2mm。

2）仪器的校准

电磁感应法钢筋探测仪和雷达仪的校准应按相关标准规定进行。仪器的校准有效期可为 1 年，发生下列情况之一时，应对仪器进行校准：

（1）新仪器启用前；

（2）检测数据异常，无法进行调整；

（3）经过维修或更换过主要零配件。

3）仪器检测方法优缺点比较

在钢筋混凝土钢筋配置及保护层检测中关于电磁感应法、雷达法及直接法的优缺点对比总结见表 4-3。

表 4-3　优缺点对比表

检测方法	优点	缺点
电磁感应法	可探测深度达到 180mm； 高准确性地给出保护层厚度； 可以估算钢筋的直径； 图像简单易懂	不容易探测出重叠钢筋， 只可探测金属
雷达法	可探测深度达到 300mm； 探测出建筑物中的任何物体	保护层厚度检测不准确； 价格昂贵； 图像可读性差
直接法	可较直观、准确地检测保护层厚度及配置	对被测构件有损伤

4.1.5　检测数据处理

1）当采用直接法验证混凝土保护层厚度时，应先按下式计算混凝土保护层厚度的修正量：

$$c_c = \frac{\sum\limits_{i=1}^{n} (c_i^z - c_i^t)}{n} \tag{4-17}$$

式中　c_c——混凝土保护层厚度修正量（mm），精确至 0.1mm；

　　　c_i^z——第 i 个测点的混凝土保护层厚度直接法实测值（mm），精确
　　　　　至 0.1mm；

　　　c_i^t——第 i 个测点的混凝土保护层厚度电磁感应法钢筋探测仪器示值
　　　　　（mm），精确至 1mm；

　　　n——钻孔、剔凿验证实测点数。

2）混凝土保护层厚度测点检测值应按下式计算：

$$c_m^t = \frac{(c_1^t + c_2^t + 2c_c - 2c_0)}{2} \tag{4-18}$$

式中　c_m^t——混凝土保护层厚度检测值（mm），精确至 1mm；

　c_1^t、c_2^t——第 1、2 次混凝土保护层厚度电磁感应法钢筋探测仪器示值
　　　　　（mm），精确至 1mm；

　　　c_c——混凝土保护层厚度修正量（mm）；当没有进行钻孔剔凿验证时，
　　　　　取 0；

　　　c_0——探头垫块厚度（mm），精确至 0.1mm；无垫块时取 0。

3）检测钢筋间距时，可根据实际需要采用绘图方式给出相邻钢筋间距，当
同一构件检测钢筋为连续 6 个间距时，也可给出被测钢筋的最大间距、最小间距
和平均间距，钢筋平均间距按下式计算：

$$s_m = \frac{\sum\limits_{i=1}^{n} s_i}{n} \tag{4-19}$$

式中　s_m——钢筋平均间距（mm），精确至 1mm；

　　　s_i——第 i 个钢筋间距（mm），精确至 1mm。

工程质量检测时，混凝土保护层厚度的评定应符合设计及现行国家标准
《混凝土结构工程施工质量验收规范》（GB 50204）的有关规定。

对混凝土结构进行结构性能检测时，混凝土保护层厚度、钢筋间距的结果评
定应符合现行国家标准《建筑结构检测技术标准》（GB/T 50344）或《混凝土
结构现场检测技术标准》（GB/T 50784）的规定。

4.2 钢筋公称直径检测

4.2.1 钢筋公称直径检测基本规定

钢筋公称直径的检测可采用直接法或取样称量法。当出现下列情况之一时，应采用取样称量法进行检测：

（1）仲裁性检测；

（2）对钢筋直径有争议；

（3）缺失钢筋资料；

（4）委托方有要求。

钢筋公称直径检测前应确定钢筋位置。当采用直接法检测钢筋公称直径时，钢筋抽样可按下列规定进行：

（1）单位工程建筑面积不大于 $2000m^2$ 同牌号同规格的钢筋应作为一个检测批；

（2）工程质量检测时，每个检测批同牌号同规格的钢筋各抽检应不少于 1 根；

（3）结构性能检测时，每个检测批同牌号同规格的钢筋各抽检应不少于 2 根；当图纸缺失时，选取钢筋应具有代表性。

4.2.2 取样称量法

1）采用取样称量法检测钢筋公称直径时，应符合下列规定：

（1）应沿钢筋走向凿开混凝土保护层；

（2）截取长度不宜小于 500mm；

（3）应清除钢筋表面的混凝土，用 12% 盐酸溶液进行酸洗，经清水漂净后，用石灰水中和，再以清水冲洗干净；

（4）应调直钢筋，并对端部进行打磨平整，测量钢筋长度，精确至 1mm；

（5）钢筋表面晾干后，应采用天平称重，精确至 1g。

2）钢筋直径应按下式进行计算：

$$d = 12.74\sqrt{\frac{\omega}{l}} \tag{4-20}$$

式中　d ——钢筋直径（mm），精确至 0.1mm；

ω ——钢筋试件质量（g），精确至 0.1g；

l ——钢筋试件长度（mm），精确至 1mm。

3）钢筋实际质量与理论质量的偏差应按下式计算：

$$p = \frac{G_1/l - g_0}{g_0}$$

（4-21）

式中　p ——钢筋实际质量与理论质量偏差（%）；

G_1 ——钢筋试件实际质量（g），精确至 0.1g；

g_0 ——钢筋单位长度理论质量（g/mm）；

l ——钢筋试件长度（mm），精确至 1mm。

4）钢筋实际质量与理论质量的允许偏差应符合表 4-4 的规定。

表 4-4　钢筋实际质量与理论质量的允许偏差

公称直径 （mm）	单位长度理论质量 （g/mm）	带肋钢筋实际质量 与理论质量的偏差 （%）	光圆钢筋实际质量 与理论质量的偏差 （%）
6	0.222	+6，8	+6，-8
8	0.395		
10	0.617		
12	0.888		
14	1.21	+4，-6	+4，-6
16	1.58		
18	2.00		
20	2.47		
22	2.98	+3，-5	
25	3.85		
28	4.83		
32	6.31		
36	7.99		
40	9.87		

4.2.3　直接法

本方法宜用于光圆钢筋和带肋钢筋。对于环氧涂层钢筋应清除环氧涂层。

1）直接法检测混凝土中钢筋直径应符合下列规定：

（1）应剔除混凝土保护层，露出钢筋，并将钢筋表面的残留混凝土清除干净；

（2）应用游标卡尺测量钢筋直径，测量精确到 0.1mm；

（3）同一部位应重复测量 3 次，将 3 次测量结果的算术平均值作为该测点钢筋直径检测值。

2）钢筋直径的测量应符合下列规定：

（1）对光圆钢筋，应测量不同方向的直径；

（2）对带肋钢筋，宜测量钢筋内径。

4.2.4　检测结果评定

采用直接法检测时，光圆钢筋直径应符合现行国家标准《钢筋混凝土用钢 第 1 部分：热轧光圆钢筋》（GB 1499.1）的规定；带肋钢筋内径允许偏差应符合现行国家标准《钢筋混凝土用钢 第 2 部分：热轧带肋钢筋》（GB 1499.2）的规定，并应根据内径推定带肋钢筋的公称直径。

钢筋直径检测结果评定宜符合现行国家标准《建筑结构检测技术标准》（GB/T 50344）和《混凝土结构现场检测技术标准》（GB/T 50784）的规定。

第 5 章　混凝土缺陷检测技术

混凝土结构施工因受到各种因素影响，其内部可能存在不密实或空洞，其外部形成蜂窝、麻面、裂缝或损伤层等缺陷。这些缺陷的存在会严重影响结构的承载力和耐久性，如何对这些混凝土缺陷的性质、范围及尺寸准确判断，是我们建设工程需要认真考虑的问题。混凝土缺陷现场检测技术按作用原理划分，大致可以分为射线法与机械波法。射线法主要包括 X 射线、Y 射线和中子流等；机械波法主要包括超声脉冲波、冲击脉冲波与声发射等。射线法由于射线穿透能力有限，尤其对于非均匀质的混凝土材料，其穿透能力受到很大的限制，另外由于射线设备相当复杂，对现场检测的人员等需要严格的防护措施与设备，长期以来，射线法在混凝土现场检测中受到了很大的限制。机械波法特别是超声脉冲波，在混凝土材料中具有较强的穿透能力，超声脉冲法设备相对较为简单、操作方便，在混凝土现场检测中得到了广泛的应用。

5.1　超声检测原理

混凝土缺陷主要是指在施工过程中因技术管理不善、施工违章、突发事故或在使用过程中受意外碰撞、化学侵蚀、冰冻、火灾等造成的损坏，在混凝土内部形成不密实区与空洞，在混凝土表面形成蜂窝、麻面、裂缝或损伤层等，严重影响现场结构的整体性能、力学性能与耐久性能。采用超声波检测现场混凝土结构缺陷，旨在发现质量问题，探明隐患的位置、范围及危害性，并提出相应的补救措施。

超声脉冲法检测混凝土缺陷主要是利用超声脉冲波在混凝土中传播的声时（声速）、振幅、频率等声学参数的相对变化，来判断混凝土内部缺陷。

超声波在混凝土中传播的声速与混凝土密实程度具有较大的关系，当混凝土较密实时，声速较快；相反，则声速较慢。当结构混凝土内部存在缺陷时，超声波绕过缺陷传播，传播路径增长，测得声时值必然偏大，即声速偏低。

超声波在空气中的声阻抗率远远小于混凝土中的声阻抗率，当混凝土中存在缺陷时，超声波在缺陷界面处发生反射和散射，能量被衰减必然会导致超声波振幅偏小；高频部分能量衰减尤为明显，频谱图中高频部分明显偏少；反射波与绕过缺陷传播的超声波之间存在相位差，叠加后示波器上波形发生畸变。

超声波在混凝土中传播，当遇到缺陷时会产生绕射，可根据声时及声程的变化，判断和计算缺陷的大小。超声波在缺陷界面发生散射和反射，到达接收换能器的声波能量显著减小，可根据波幅变化的程度判断缺陷的性质和大小。超声波各频率成分在缺陷界面的衰减程度不同，接收信号的频率明显降低，可根据接收信号主频或频谱的变化分析判断缺陷情况。超声波通过缺陷时，部分声波会产生路径和相位变化，不同路径或不同相位的声波叠加后，造成接收信号波形畸变，可参考畸变波形分析判断缺陷。

5.2　超声检测参数

波动是一种重要的运动形式。根据产生机理的不同，波动主要可以分为机械波与电磁波两大类型。电磁波是由电磁振荡所产生的变化电场和变化磁场在空间的传播过程，如无线电、紫外线、红外线等；机械波是机械振动在弹性介质中引起的波动过程，如水波、声波、超声波等。波是振动的传播过程，振动是波动的根源。

通常，人耳的听觉声波频率是 $16 \sim 20000\mathrm{Hz}$，频率低于 $16\mathrm{Hz}$ 的称为次声波，频率超过 $20000\mathrm{Hz}$ 的称为超声波。

5.2.1　频率、波长及声速

频率 f、波长 λ、声速 c 与周期 T 是描述声波的几个最基本的参数。超声波的频率与周期一般取决于超声声源的振动频率与振动周期。而超声波在介质中的传播速度则主要取决于介质自身的特性。介质中传播的超声波，其频率、波长、声速、周期之间的关系为：

$$\lambda = \frac{c}{f} = cT \tag{5-1}$$

利用超声波进行混凝土质量现场检测，其检测能力与超声波的频率有很大的关系。高频超声波在混凝土中容易发生衰减，也限制了其在实际检测中的应用。通常采用频率范围为 $20 \sim 200\mathrm{kHz}$ 的超声波进行混凝土现场检测。

5.2.2　波形

根据超声波在介质中传播的不同形式，又可具体分为纵波、横波、瑞利波、兰姆波四大类型。

1. 纵波

当介质中质点的振动方向与超声波传播方向一致时，此时的超声波为纵波，通常用符号"P"表示。纵波传播时，介质中质点受到交变的拉伸与压缩应力，质点以疏密相间的形式振动向前传播，故纵波又称疏密波或压缩波。任何弹性介质在体积变化时都能产生弹性力，所以纵波可以在固体、液体和气体中传播。由于纵波的这些优点，使纵波在超声波无损检测中得到了广泛的应用。

2. 横波

当介质中质点的振动方向与超声波传播方向相垂直时，此时的超声波为横波，通常用符号"S"表示。横波传播时，介质受到交变的剪切力作用而发生变形，在超声波向前传播的同时，质点作起伏相间的振动，故横波又称剪切波。液体与气体没有剪切弹性，只能传播纵波。横波只能在固体介质中传播，利用横波的这个特性，可以滤出液、气介质对固体待测试件的干扰。

3. 瑞利波

当介质质点受到交变的表面张力作用，向前传播的同时绕平衡位置作椭圆振动形成的波形称作瑞利波，通常用符号"R"表示。瑞利波在固体中传播时具有纵波与横波的双重特性，其在距平衡位置1/4波长处具有较强的振动能量，随着距离的增加，其振动能量迅速消失，在离平衡位置1个波长以外的位置，质点的振动几乎没有。由于瑞利波具有在固体表面附近传播的特性，通常又称作表面波。在混凝土现场检测中，瑞利波通常被用来检测结构物、道路等的表面缺陷。

4. 兰姆波

兰姆波是由纵波、横波组合形成的特殊波形，其传播范围仅限于厚度为波长级的板形区域，在波动传播过程中，整个板状区域都参与传递作用，故兰姆波通常又称作板波，通常用符号"L"表示。根据兰姆波振动波形的不同，可以划分为对称型与非对称型两大类。

5.2.3 超声波声速

在同一介质中，不同类型的波具有不同的波速，通常情况下，纵波波速大于横波波速，横波波速又大于表面波波速。对于给定类型的波，其在不同介质中传播的波速与介质的弹性模量、泊松比等有很大的关系，所以声速是表示传播介质声学特性的一个重要参数。

1. 纵波

在无限大固体介质中，纵波波速 v_p 可表示为：

$$v_p = \sqrt{\frac{E}{\rho}} \times \sqrt{\frac{1-\nu}{(1+\nu)(1-2\nu)}} \tag{5-2}$$

式中　E——弹性模量，表示在单位应变条件下应力与应变的比值（Pa）对于混凝土材料，参考取值为 3.6×10^{10} Pa；

　　　ρ——介质密度（kg/m^3）；

　　　ν——泊松比，表示在受力状态下介质横向变形与纵向变形之比。

在薄板介质中，纵波波速 v_p 可表示为：

$$v_p = \sqrt{\frac{E}{\rho}} \times \sqrt{\frac{1}{1-\nu^2}} \tag{5-3}$$

在细长杆介质中，纵波波速 v_p 可表示为：

$$v_p = \sqrt{\frac{E}{\rho}} \tag{5-4}$$

2. 横波

在无限大固体介质中，横波波速 v_S 可表示为：

$$v_S = \sqrt{\frac{E}{\rho}} \times \sqrt{\frac{1}{2(1+\nu)}} = \sqrt{\frac{G}{\rho}} \tag{5-5}$$

式中　G——切变弹性模量，表示在单位切应变条件下应力与切应变的比值（Pa）。

3. 表面波

在无限大固体介质中，表面波的波速 v_R 表示为：

$$v_R = \frac{0.87+1.12\nu}{1+\nu} \times \sqrt{\frac{G}{\rho}} \tag{5-6}$$

4. 超声波的反射与折射

超声波从一种介质传播到另一种介质时，将会发生反射与折射，超声波的传播方向、波形、能量等都将会发生变化。

1）超声波的反射

当超声波以入射角 α 从一种介质传播到另一种介质时，其部分能量将在界面处发生反射，形成反射角为 α' 的反射波。反射角 α' 大小等于入射角 α。

2）超声波的折射

当超声波以入射角 α 从一种声阻抗为 Z_1 的介质传播到另一种声阻抗为 Z_2 的介质时，其部分能量将在界面处发生折射，形成折射角为 β 的折射波。入射角 α 与折射角 β 的正弦值之比等于超声波分别在两介质中传播的声速 v_1 与 v_2 之比，即：

$$\frac{\sin\alpha}{\sin\beta} = \frac{v_1}{v_2} \tag{5-7}$$

由于超声波的这些特性，当其在介质中传播时，若遇到与原有介质声阻抗不同的障碍物时，若障碍物的尺寸远远大于超声波波长，超声波将发生反射与折射；当障碍物的尺寸等于或小于超声波波长时，超声波将发生绕射现象。

超声波在介质中传播时，其能量会随着传播距离的增加而出现减弱，这种现象称作超声波的衰减。

引起超声波衰减的主要原因有：

（1）由于试件探测面不平整光洁，使声耦合不良，因反射而使透入试件的声能有大量的损失；

（2）由于超声波束扩散，随着传播距离的增加，波束截面越来越大，使单位面积上能量降低；

（3）对尺寸有限的传播介质，子波相遇干涉而产生抵消作用，使某些点上声能下降甚至消失；

（4）由于介质黏滞性引起的吸收和介质界面杂乱反射引起的散射作用而使声能损耗。

超声波探伤中说的损耗是指最后一种，这种衰减与介质有关，一般将这种表征介质声学特性的衰减称作材质衰减。根据材质衰减程度，可判断试件的材质情况是否有缺陷。

混凝土是一种非均质材料，其内部存在复杂的固体、液体、气体三相分布，各相具有不同的声阻抗，使得超声波在混凝土中传播时要比在匀质介质中复杂得多。在相同的测试条件下，超声波在混凝土中传播的能量衰减要比在相同声径的金属材料中的衰减大得多。

根据超声波的性质，超声波在混凝土中传播时主要发生吸收衰减与散射衰减：

（1）吸收衰减

超声波传播距离一定时，其吸收衰减的大小与介质的黏滞系数、热导率以及探测频率等有较大关系。在相同的介质内部，表面波的吸收衰减最为厉害，其次

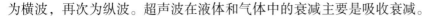

为横波，再次为纵波。超声波在液体和气体中的衰减主要是吸收衰减。

（2）散射衰减

超声波在传播过程中遇到起伏不平的界面时，声波将向四周分散反射，通常称作超声波的散射衰减。此时，接收到的能量只是入射声能的一部分。介质中含有大量散射粒子时，会引起超声波散射衰减。散射衰减的程度与散射粒子的形状、尺寸、数量及介质的性质和散射粒子的性质都有很大关系。若把粒子当作完全刚性、半径为 a 的小球，a 远远小于 λ，当单位体积中有 n 个粒子时，此时的散射衰减系数 a_s，为：

$$a_s = \frac{8}{9}\pi a^2 \left(\frac{2\pi a}{\lambda}\right)^4 n \qquad (5\text{-}8)$$

对于流体介质，总的衰减系数可视为吸收衰减系数 a_a 与散射衰减系数 a_s 之和。若没有散射粒子，则只有吸收衰减系数 a_a。在使用的频率范围内没有明显的弛豫现象，可认为 a_a 与频率 f 的平方成正比，在散射粒子的尺寸远小于波长的情况下，可用 a_s 与 f^4 成正比估算，因此有：

$$a = a_a + a_s = Af^2 + Bf^4 \qquad (5\text{-}9)$$

式中　A、B——系数，由介质的性质与散射粒子的性质决定。

对于固体介质而言，弛豫频率极高，相应的吸收衰减系数可认为与 f^2 成正比，而对弹性滞后等的弛豫范围之内，相应的吸收衰减系数是与 f 成正比的。因此，固体的衰减系数可表示为：

$$a = a_a + a_s = af + bf^2 + cf^4 \qquad (5\text{-}10)$$

式中　a、b、c——系数，由介质性质与散射物质的性质决定。

超声波在混凝土中传播时的声能衰减主要有以下几个方面的原因：

（1）在组成部分界面上的反射、折射现象使弹性波发生不规则的散射；

（2）由于混凝土组成物几何尺寸的差异，这些颗粒各具有不同的固有频率，但各种频率成分的超声波在混凝土中传播时，使得不同的颗粒发生共振，共振形成的球面波使超声波的能量不断减弱；

（3）在超声波传播过程中，由于混凝土黏滞性与颗粒之间的干摩擦，使机械振动的能量转变为热量而散失。

由上可知，要提高超声波在混凝土中传播的距离，除增大发射功率以外，可采用较低频率的超声波。当超声波的波长大于骨料粒径或孔隙时，能绕过骨料或孔隙继续前进，减少因散射引起的能量损失。在现场检测中，常采用 100kHz 的超声波，对于混凝土中 40mm 以下的骨料等颗粒，基本都能顺利通过。

混凝土材料的特殊性导致了超声波在混凝土中传播时方向性较差，其原因大致有以下几点：

（1）超声波的扩散角与频率成反比，在混凝土检测中常采用较低的频率，导致了波束的扩散角增大；

（2）在骨料与水泥石的界面，或其他声阻抗发生变化的界面上，超声波发生反射，而这种反射往往是杂乱无章的，导致了入射超声波波束向四周散射，降低了超声波传播的方向性；

（3）混凝土中颗粒尺寸大小不一，它们的固有频率几乎是一个连续的波谱，因而任何入射的超声波都有可能引起某些颗粒的共振，共振引发的球面波向四周散射，降低了入射超声波的方向性。

5.3 超声检测设备

5.3.1 超声仪

混凝土超声仪的基本任务是向待测的结构混凝土发射超声脉冲，然后接收穿过混凝土的脉冲信号，仪器显示超声波脉冲穿过混凝土所需的时间、接收信号的波形、波幅等。根据超声脉冲穿过混凝土的时间与测试距离，可通过计算得到所测声速；根据波幅的变化，可测得超声波脉冲穿过混凝土的能量衰减；根据所显示的波形，经过适当的处理，可得到所接收信号的相关频谱信息。

混凝土超声仪与混凝土超声检测技术是在相互制约而又相互促进的过程中得到发展的，尤其是近年来，在计算机技术、电子技术和数字信号处理方法等技术推动下，混凝土超声仪得到了迅速的发展。我国混凝土超声仪的研制、生产和推广应用主要开始于20世纪70年代，经历了模拟仪器、数字仪器和智能仪器三个阶段。

二十世纪七八十年代的超声仪主要以晶体管与小规模集成电路为核心元件的模拟式超声仪为主，该类超声仪基本上都可以直接显示接收的模拟信号波形，并用游标手动判读或整形自动判读方式来测量声时参量，一般由数码管数字显示声时测量值，可交、直流供电，但自动判读精度低，不具有对接收信号数字化自动采集功能，需人工记录数据和进行后期的数据分析处理，工作效率低。

20世纪90年代初期出现了以单片机为核心处理单元的数字式超声仪，该类仪器具有对信号的数字采集、波形显示功能，不同程度实现了声参量自动检测和存储，具有一定的数据处理功能，体积、质量、价格适中，但由于受到数据采集的传输速度、存储容量、运算速度以及编程语言等方面的限制而无法实现实时动态地显示波形和声参量的快速、准确的检测，自动化程度较低。

20 世纪 90 年代中期以后出现了以计算机为核心处理单元的智能型超声仪，这类机器具有高速数字采集、声参量自动测量和存储、数据分析和处理等功能，自动化程度较高。

1. 模拟式超声仪

这一类仪器的代表是 CTS-25 型超声仪。其主要由主控分频、发射接收、扫描示波器、计时显示及电源五个部分组成。

（1）主控分频

由 100kHz 石英振荡器产生周期为 10μs 的脉，先经 10 分频得到周期为 100μs 的脉冲，将两种脉冲送至时标输出电路，合成复式时标后输出混合电路，最后加到示波管垂直偏转板，在扫描时便显示长短不同的两种时标作计时之用。

将周期为 100μs 的脉冲依次经 10 分频和 20 分频得到 1ms、10ms 和 20ms 的周期信号，以 10ms 或 20ms 周期脉冲作为整机同步信号。

（2）发射接收

主控同步脉冲触发发射门控双稳器的一端，使双稳器翻转，而由第二个 10 分频级间引出的 200μs 周期脉冲触发双稳器复原，于是发射门控双稳器输出周期为 10ms（或 20ms）、宽度为 200μs 的方波。该方波后沿经由触发输出电路触发可控硅导通，便激起探头晶片的机械振动，发出超声脉冲，向试件传播（可控硅发射电压为 800V 左右），其脉冲后沿同时提供示波管垂直偏转板作为发射起始信号。

超声波经试件传到接收探头并转换为电脉冲信号，由衰减器调节到某一振幅，经四级放大器放大，最后经差动放大器放大而加于示波管的垂直偏转板进行显示。

（3）扫描示波器

为了任意观察全部或部分信号，装置了单稳器组成的可调扫描延迟电路。它由主控同步脉冲触发扫描，经过延迟后触发扫描，小延迟能看到发射信号，延迟增大时，只能看到发射之后某段时间内的接收信号。

扫描宽度由扫描闸门的方波宽度决定。它控制锯齿波发生器产生线性锯齿波，经差动放大器放大后加至示波管水平偏转板进行扫描，扫描闸门还经升辉电路加至示波管栅极，使扫描期间的基线加亮。

扫描延迟方波后沿在触发扫描的同时，也触发标志器产生标志方波，该方波经混合电路加至示波管的垂直偏转板，所以扫描一开始就有一个负方波标记信号。

（4）计时显示

用发射门控输出的正方波后沿触发调零单稳器，产生宽度为 $1.5 \sim 9\mu s$ 的负方波，用该负方波的后沿作为计时门控的开门信号，当接收波前沿对准固定标志后沿时，计数门控输出的方波宽度等于发射到接收的传声时间。在手动读数时，用标记脉冲的后沿作为计时门控的关门信号；在自动读数时，则将接收信号进行放大整形，取其首波前沿作为计数门控的关门信号。声时读数是通过计显控制的计时脉冲由五级十进计数器，并经译码器将十进制数码电位加于数码管显示计数的时间。

（5）电源

示波管各极高压和可控硅阳极电压由直流变换器供给，其他各挡低压均由市电整流稳压后供给。

2. 智能型超声仪

随着超声检测技术的发展，将越来越多地运用信息处理技术，以便充分运用波形所携带的材料内部的各种信息，对被测混凝土结构做出更全面、更可靠的判断。为了满足这些要求，超声仪必须具有强大的数据采集与传输、大容量的存储与处理、高速的运算能力及配置相应的软件系统。这一类仪器的代表是 NM-4A 型智能型超声仪。

智能型超声仪主要是由计算机、高压发射系统、程控放大系统、数据采集与传输系统、电源系统五大部分组成。其工作原理是高压发射电路在主机控制下，产生高压脉冲，通过发射换能器转换为声波信号并传入被测介质，接收换能器接收通过被测介质的声波信号并转换为电信号，受主机控制的程控放大系统对接收的电信号作自动增益调整达到设定状态，将采集数据转换为数字信号，并将其高速地送入主机系统，然后在主机系统控制下进行波形显示、声参量的判读和存储，或对所存储的声参量进行分析处理等。

（1）主机系统

主机系统是核心控制部分，以体积小、容量大的计算机作为核心部件。目前，市场上的智能型超声仪主机计算机系统的实现方式主要有两大类。

一类是采用通用型计算机系统为主控单元，具有通用计算机的程控、存储和高速运算等功能，可以解决现场测试自动化、大容量存储及后期分析处理的全部

工作，且全部计算机资源交给用户管理，有利于系统的二次开发。

另一类是采用专门的计算机主机系统。现代超大规模电路的发展使高性能、小体积、低功耗的主机系统设计成为可能。目前流行的嵌入式主板设计方式可根据仪器本身需要进行优化设计，电路结构紧凑，而且接插件减少，使得仪器的专用主机在保证性能及功能的前提下，可靠性大大提高。采用最新的大规模集成芯片减少了外围器件的数量，大大降低了主机功耗。采用固态存储器件代替硬盘作为数据存储器件，在保证仪器有效存储空间的同时，还具有体积小、质量轻、功耗小、可靠性高等优点。

（2）数据采集系统

数据采集系统采集模拟波形信号转换为数字信号，数据采集系统的主要指标包括采样频率、采样位数、最大采样长度等。

采样频率标识单位时间内采集的样本点数，采样频率越高，采集的样本点的时间间隔越小，对声时的分辨率越高，在混凝土检测中，为保证声时分辨率达到 $0.1\mu s$，要求的采样频率应在 10MHz 以上。

采样位数标识数字信号的精度以每个信号的字长来表示，位数越多，字长越长，信号精度越高，目前数字超声仪的采样位数一般为 8 位。最大采样长度表示一次采集的最大样本数点数，在同样的采样频率下，采样长度越长，波形样本时间序列越长。

数据采集系统将采集的波形样本传输给主机内存进行处理和显示，每次传输显示后对前一次波形刷新，刷新速度越快，显示波形的实时动态效果越好，屏幕波形刷新速度主要取决于传输方式和速度。目前大部分仪器采用串口传输方式，也有采用 DMA 数据传输方式，即运用并行处理技术，采用独立的时钟系统和时序逻辑系统，数据采集与传输不经 CPU 控制，这种方式可以大大提高系统整体运行速度，使动态实时采样与波形显示成为可能。屏幕上可获得良好视感的数字波形 "动画" 效果，并具有丰富的波形显示方式，对于可重复采集的信号，可实时监测被测目标，观察接收波形动态变化，对于超声检测中判断换能器耦合效果，尤其是在时域波形中观察识别后续波的波形，分析反射信号等具有重要的实用价值。

（3）衰减放大系统

衰减放大系统改变换能器接收信号的幅度使之符合数据采集系统的输入端的要求，一般的衰减放大系统由分级固定增益放大系统（78dB）和 −63dB 的连续衰减系统组成，增益在 −63 ～ 78dB 范围内连续可调。仪器放大系统的灵敏度小于 30μV，频带宽度为 10～500kHz。

（4）电源及发射系统

超声仪超声波的产生通过对发射换能器施加一定电压的激励脉冲，使发射换能器的压电晶体超声振荡来实现，如果要产生能量足够大的超声信号，需要对发射换能器施加很高电压的激励脉冲（通常 1000V 左右）。

5.3.2　换能器

换能器是超声检测设备的重要组成部分。换能器将仪器发射系统输出的电信号转换成声信号，并向被测介质辐射；换能器接收到被测介质传来的声信号，并转换成电信号，输入到检测仪器的放大系统中。换能器是一种电声能量转换器件，其常由压电体材料的压电效应实现电能与声能的相互转换，故又常称作压电换能器。

压电效应是指一些不带电的晶体或陶瓷在拉力或压力作用下产生应变，使介质内部正、负电荷中心发生相对位移而极化，表面出现电荷。反之，当晶体或陶瓷在电场作用下，介质内部正、负电荷中心在极化作用下发生位移而引起变形，在晶体或陶瓷中产生应力，这种现象称作逆压电效应。

若在压电体上施加一定的突变脉冲电压，则压电体发生突然的激烈变形，同时产生自振，实现电能向超声能量的转变，利用该原理可实现发射换能器；反之，若压电体与具有声振动的物体接触而受到压缩或拉伸时，会产生与声振动频率相对应的交变电信号，实现声能向电能的转换，利用该原理可实现接收换能器。

在超声换能器中，常用的单晶体压电材料主要有石英、酒石酸钾钠、硫酸锂等；多晶体压电材料主要有钛酸钡、钛酸铅、锆钛酸铅、偏铌酸铅等。压电陶瓷是常用的压电材料，未经极化处理的压电陶瓷宏观上不显电性，其内部电畴排列混乱，压电陶瓷作换能器材料前需要经过一系列的高温烧结、极化等工序，内部电畴转向定向排列，压电陶瓷才具有总体压电效应，压电陶瓷的实用温度应不超过居里点。同时，随着使用时间的延长或受冲击等因素的影响，电畴的排列日趋混乱，从而使换能器灵敏度降低，通常称为老化。

压电体主要技术参数如下。

换能器采用压电晶片，厚度不同，其自振频率自然不同。设 δ 为晶片厚度，c 为超声波在晶片中的传播速度，则自振频率的公式为：

$$f_0 = \frac{c}{2\delta} \tag{5-11}$$

除石英等天然晶体外，其他压电体因制造工艺及配方不同，声速也不同，于是压电晶片的自振频率有以下关系式。

石英晶片自振频率：

$$f_0 = \frac{2860}{\delta} \quad （X\ 切割） \tag{5-12}$$

$$f_0 = \frac{1960}{\delta} \quad （Y\ 切割） \tag{5-13}$$

钛酸锂自振频率：

$$f_0 = \frac{2600}{\delta} \tag{5-14}$$

锆钛酸铅自振频率：

$$f_0 = \frac{1890}{\delta} \tag{5-15}$$

硫酸锂自振频率：

$$f_0 = \frac{2730}{\delta} \tag{5-16}$$

由于被测混凝土结构的尺寸、密实程度及检测目的与检测方法的不同，需要使用不同的换能器。根据超声检测所用的超声波形的不同，常用的超声换能器主要可分为纵波换能器与横波换能器。

1. 纵波换能器

目前，超声检测中多用纵波换能器。根据纵波换能器压电晶片的振动模式和声辐射面的形状，纵波换能器主要可分为平面换能器与径向换能器。

（1）平面换能器

当电脉冲加到压电片上时，压电片在厚度方向发生变形振动产生纵波脉冲波，从壳体平面辐射出去，压电片的不同材料及厚度可以产生或接收不同频率的超声脉冲。为了消除压电片的方向辐射，使发射脉冲变窄（短余振、宽频带），在压电片后部加一个大阻尼的吸声块，使压电片振动产生的反向辐射在吸声块中被衰减，而且使压电片的自振阻尼加大，混凝土测试中因一般测试距离较大，发射脉冲宽度要求不高，而且发射频率较低，吸声块作用不明显，因此常省去吸声块。

换能器压电片极板引线通过接插件引出后连接到超声仪的发射或接收电路，在长期使用中由于多次接插有可能造成接触不良，接触不良是换能器的常见故障之一。

混凝土现场检测中，50kHz 以上的换能器一般为平面换能器。

（2）夹心式平面换能器

当检测大体积混凝土时，需要产生和接收较低频率的超声波，例如 20 ~ 30kHz，这就需要制作较厚的压电陶瓷片，这样厚的压电陶瓷片不便于加工，也不经济。低频换能器常采用夹心式，它由配重块、压电陶瓷片和辐射体三个部分叠合而成，配重块用重金属（钢），辐射体用轻金属（铝合金），叠合体在受激励后一起振动，辐射体端部振幅最大，使大部分超声能量向辐射体方向单向辐射。

（3）径向换能器

径向换能器是利用圆片状或管状的压电陶瓷的径向振动模式来发生和接收超声波，声辐射面是曲面，这类换能器主要用于检测基桩等下部结构混凝土时，置于结构物的钻孔或声测管中进行检测。

（4）增压式换能器

在一金属圆管内侧等距排列一组径向振动模式的压电陶瓷圆片，圆片周边与金属管内壁密合，圆片间可串联、并联或串并联混合联结。这种组合方式可使金属圆管表面上受到的声压全部加在面积较小的压电陶瓷圆片柱面上，从而起到增压和提高灵敏度的作用。为了减少声压在金属管上的损失，常把金属管切成 2 瓣或 4 瓣，整个换能器和电缆接头均需用树脂或橡胶类材料加以密封，密封材料的选择应以尽量减少声能的损失为准。

（5）一发双收换能器

一发双收换能器由一个发射振子和两个接收振子组成，测试时将发射、接收置于同一孔中，检测的部位是沿钻孔周围的混凝土，也可以在各种与地平面呈不同角度的单孔内测试松动区或断层面。

由于一发双收换能器具有两个固定距离的接收振子，因此可根据两个振子分别接收到的首波声时，计算出孔壁混凝土的声速值，从而推断出沿钻孔垂直方向混凝土的质量。

一发双收换能器有三根引出电缆线，分别为发射、接收 1、接收 2，连接到双通超声仪上，可以同时测读出两组接收波的声时。

2. 横波换能器

横波换能器主要用于通过测量介质的横波波速与纵波波速以测量材料的弹性模量、泊松比等动弹性参数。

（1）直入式横波换能器

直入式横波换能器利用压电片的厚度切变振动模式，当加上激励电压以后，压电片做切向振动，由换能器辐射面传出的主要是横波。其换能器构造与纵波平面换能器类似。

（2）斜入式横波换能器

斜入式横波换能器主要是利用界面上的波形转换现象产生横波。其基本构造与纵波换能器相同，不同之处只是在压电晶片前垫一块波形转换板模型。压电晶片发射的纵波垂直进入波形转换板，在转换板与被测物体表面上纵波以一角度 θ 射入被测物，这时只要角度 θ 选择合适，即可使纵波产生全反射，而在被测物中形成纯横波入射，波形转换板可用有机玻璃等制成。

对于横波换能器，无论是直入式还是斜入式，都是为了使横波的切变运动能较好地传入混凝土中，都必须把换能器用胶粘剂与混凝土牢固粘结，或用适当的夹具把它们夹紧，一般柔性耦合剂不宜使用，也可采用多层铝箔作耦合层进行耦合。

5.4 影响超声法缺陷检测的因素

5.4.1 耦合状态

采用超声波检测混凝土现场缺陷时，接收信号的波幅对混凝土缺陷最敏感，测得的波幅是否准确直接关系到现场缺陷检测的准确性与可靠性。换能器耦合状态对超声波波形有重要的影响。如果换能器耦合不好，会造成大量声能损失，使测得波幅信号偏低。如果作用在发射换能器与接收换能器上的压力不均，两换能器耦合层厚薄不均，导致接收波幅不稳定。

5.4.2 水分

超声波在水中传播的速度比在空气中快得多，另外，当混凝土中缺陷被水填充时，超声波在缺陷界面处将不再发生反射与绕射，而是直接通过缺陷中的填充水传播。混凝土内部缺陷无法通过超声波声速、波幅、主频等物理参数进行正确的表示，给检测工作带来极大的干扰。因此，在采用超声波检测混凝土内部缺陷时，应尽量使混凝土保持自然干燥状态。

5.4.3 钢筋

超声波在混凝土中传播的声速为4200m/s左右；在钢筋中，超声波传播的声速约为5300m/s。因此，在采用超声波检测混凝土内部缺陷时，若传感器附近有钢筋的干扰，部分超声波通过钢筋传播，必然会导致所测声速偏高，同时还会伴随发生一定的首波畸变。过去的研究证明，当超声波传播方向与钢筋轴线方向平行时，钢筋对混凝土中超声波声速测试结果影响较大，其影响程度和超声波通过的各钢筋直径之和与传播距离之比相关；当超声波传播方向垂直于钢筋时，钢筋对混凝土中超声波声速测试结果影响相对较小。在采用超声波进行混凝土内部缺陷检测时，传感器应避开钢筋位置，并使超声波传播方向尽量远离钢筋轴线方向。

5.5 超声法检测混凝土缺陷

目前，超声法主要应用于裂缝深度检测、不密实区和空洞检测、混凝土结合面质量检测、表面损伤层检测、灌柱桩混凝土缺陷检测、钢管混凝土缺陷检测等现场混凝土缺陷检测。

5.5.1 裂缝深度检测

裂缝是混凝土工程中一种最常见的现象，这里所说的裂缝是指肉眼可见的宏观裂缝，而不是微观裂缝，其宽度应在0.05m以上，混凝土出现宏观裂缝的原因多种多样，通常是因混凝土发生体积变化受到约束，或因受到荷载作用时，在混凝土内引起过大拉应力（或拉应变）而产生裂缝。结构物在施工过程中管理不当，混凝土水化热释放不均，混凝土收缩变形过大，地基沉降不均，使用过程中荷载破坏等都可能导致混凝土产生裂缝。

超声波在混凝土中传播时，会在裂缝界面发生反射及在裂缝末端处发生绕射，根据超声波声时值与波形信号，可判断裂缝的存在与深度。

一般来讲，超声法检测混凝土裂缝主要可采用单面平测法、双面斜测法、钻孔对测法等方法。

1. 单面平测法

道路、机场、大体积混凝土构筑物等发生裂缝时，通常只有一个表面可供检测。若估计裂缝深度不大于500mm时，可采用单面平测法对其进行裂缝深度检测。

单面平测法检测混凝土裂缝大致可分为完好混凝土声速检测、破损混凝土声时检测、混凝土裂缝深度确定三个部分进行。平测时应在裂缝的被测部位，以不同的测距，按跨缝与不跨缝布置测点进行检测，布置测点时应注意避开钢筋的影响。

　　进行完好混凝土声速检测时，首先将发射换能器 T 与接收换能器 R 置于混凝土完好部分。T 位置固定不动，以 T、R 换能器内缘间距（l'）等于 100mm、150mm、200mm、250mm…，分别读取声时值（t_i），绘制"时-距"坐标图，如图 5-1 所示。

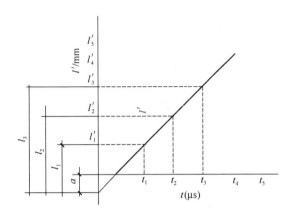

图 5-1　平测"时-距"曲线

　　或用回归分析的方法求出声时与测距之间的回归直线方程：

$$l_i = a + bt_i \tag{5-17}$$

　　每测点超声波实际传播距离 l_i 为：

$$l_i = l' |a|$$

式中　l_i——第 i 点的超声波实际传播距离（mm）；

　　　　l'——第 i 点的超声波换能器内缘间距（mm）；

　　　　a——"时-距"曲线中 l' 轴的截距或回归直线方程的常数项（mm）。

　　由上式可知，完好混凝土中超声波传播的声速为：

$$v = (l'_n - l'_1)(t'_n - t'_1) \tag{5-18}$$

式中　l'_n、l'_1——第 n 点和第 1 点的测距（mm）；

　　　　t'_n、t'_1——第 n 点和第 1 点读取的声时值（μs）。

　　进行破损混凝土裂缝声时测试时，将 T、R 换能器分别置于以裂缝为中心的对称的两侧，如图 5-2 所示，取 l' 为 100m、150m、

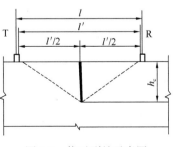

图 5-2　绕过裂缝示意图

200mm……，分别读取声时值 t_i^0 。

裂缝深度可按下式计算：

$$h_{ci} = l_i/2 \sqrt{(t_i^0 v/ l_i)^2 - 1} \qquad (5\text{-}19)$$

$$m_{h_c} = (1/n) \sum_{i=1}^{n} h_{ci} \qquad (5\text{-}20)$$

式中　l_i——不跨缝平测时，第 i 点的超声波实际传播距离（mm）；

　　　h_{ci}——第 i 点计算的裂缝深度值（mm）；

　　　t_i^0——第 i 点跨缝平测的声时值（μs）；

　　　m_{h_c}——各测点计算裂缝深度的平均值（mm）；

　　　n——测点数。

将各测距 l_i' 与 m_{h_c} 相比较，凡测距小于 m_{h_c} 或大于 $3\ m_{h_c}$ ，应剔出该组数据，然后取剩余 h_{ci} 的平均值，作为该裂缝的深度值 h_c 。

近年来，有科研工作者发现超声仪接收信号的相位与换能器测距 l_i 和混凝土裂缝深度 h_c 存在一定关系，即通常所说的首波反相现象。当在某测距出现首波反相时，可取该测距及两个相邻的测距分别计算裂缝深度 h_{ci} ，并取其平均值作为该裂缝深度 h_c 。

采用"首波反相"法仅需根据首波相位反转的临界点即可确定混凝土裂缝深度，与其他检测方法相比，无须通过公式的计算，检测简单、直观、方便。在进行钢筋混凝土裂缝深度检测时，为减小平行钢筋的影响，换能器连线可与钢筋纵横走向呈斜角布置，并注意观察、分辨钢筋透过波前沿下部混凝土裂缝透过波的相位反转变化，使超声波检测钢筋密集区域混凝土裂缝深度成为可能。

2. 双面斜测法

在实际现场检测中，混凝土裂缝不可能完全被空气隔开，总是存在个别相连的地方，当采用单面平测法时，超声波一部分绕过裂缝末端，另一部分穿过裂缝中的相连部分，以不同的声程到达接收换能器，在仪器的接收信号首波附近形成一些干扰波，严重影响首波起点的辨认，故当结构物的裂缝部位具有一对相互平行的表面时，宜优先选用双面斜测法。

当超声波在有裂缝的混凝土中传播时，一部分超声波穿过裂缝传播，另一部分超声波在完好的混凝土中传播。由于裂缝对超声波的干扰作用，穿过裂缝的超声波与未穿过裂缝的超声波，其接收信号的频率与振幅会有明显的差异。双面斜测法即是利用接收信号的这种差异，对混凝土中裂缝进行检测。当混凝土裂缝较深、被测构件裂缝附件有一对相互平行的表面时，采用双面斜测法可获得较好的检测效果。

采用双面斜测法进行检测时，测点布置可如图 5-3 所示，将 T、R 换能器分别置于两测试表面对应的 1、2、3⋯的位置，读取相应的声时值 t_i、波幅值 A_i 及主频率 f_i。根据接收信号的振幅及频率的"突变"判断裂缝深度及是否在所处断面内贯通。这里需要注意的是，所谓"突变"指的是接收信号的首波发生突变，至于续至波可能由于绕过裂缝而加强，不能作为鉴别裂缝尾段位置的相对变量。

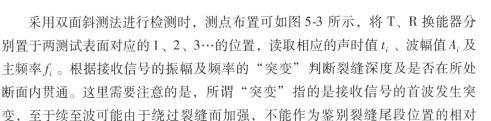

图 5-3　双面斜侧法测点布置示意图

双面斜测法方法直观，结果比较可靠，一般的钢筋混凝土结构如梁、板、柱等都具有一对可测试的平行表面，故在现场检测中多用此法。

3. 钻孔对测法

对于基础等大体积混凝土结构，在浇筑施工过程中，由于内部水化热散热较慢，混凝土内部温度比外表面高，使结构断面形成较大的温度梯度。当形成的拉应力超过混凝土抗压强度时，便会使混凝土表面产生裂缝。温差越大，形成的拉应力越大，裂缝越深。在大体积混凝土的施工过程中，常常会因为施工管理不善而导致较深的裂缝和漏振造成的疏松区域。

大体积混凝土发生的裂缝往往较深，一般在 500mm 以上时，因测距太大，测试灵敏度满足不了仪器要求，采用单面检测方法较为困难，可考虑采用钻孔对测法对裂缝进行检测。在裂缝两侧 0.5～1.0m 处钻两孔，若两孔距离太近，可能会有斜裂缝偏出钻孔之外；若两孔距离太远，超声仪接收信号比较微弱，会给检测工作带来较大困难。钻孔直径应比所用换能器直径大 5～10mm，钻孔的深度应大于裂缝估计深度 700mm，且两孔轴线应始终位于裂缝两侧，并保持平行。钻孔对测法示意如图 5-4 所示。

清理钻孔中碎屑以后，可往孔中注入清水作为耦合剂，将 T、R 换能器分别置于两孔中，以相同的高程等间距（100～400mm）从上到下同步移动，逐点读取声时、波幅和换能器所处的深度。根据换能器所处深度（h）与对应的波幅值（A）绘制 h-A 坐标图，如图 5-5 所示，随着换能器位置的下移，波幅逐渐增大，

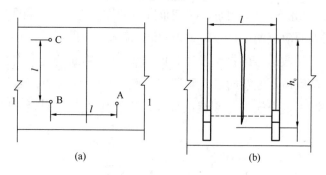

图 5-4 钻孔测裂缝深度示意图

(a) 平面图（C 为比较孔）；(b) 1—1 剖面图

当换能器下移至某一位置以后，波幅达到最大并基本稳定，该位置所对应的深度便是裂缝的深度值 h_c。

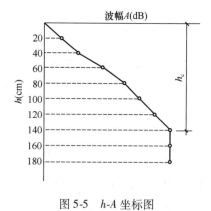

图 5-5 h-A 坐标图

5.5.2 不密实区和空洞检测

不密实区是指因振捣不够、漏浆或石子架空等造成的蜂窝状或缺少水泥形成的松散状或意外损伤造成的疏松状区域。特别是体积较大的混凝土结构或构件，这种情况尤其容易发生。当混凝土水灰比较小或配筋较密的情况下，施工时漏振或振捣不充分，往往会出现石子架空，在混凝土内部形成空洞的情况。

进行混凝土不密实区与空洞检测时，可根据现场施工记录和外观质量情况，估计不密实区与空洞可能出现的大致位置，并确定合适的检测区域范围。检测时可根据现场的实际情况，采用对测法、斜测法、钻孔或预埋管法进行。

1. 对测法

当结构物被测部位具有两对相互平行的表面时，可采用对测法。如图 5-6 所示，测试时在两对相互平行的表面上，分别划出 100 ~ 300mm 的等间距网格，确定测点位置并逐点测试对应的声时、波幅和频率，并同时测量测试距离。对于大型结构物，网格距离可适当放宽。

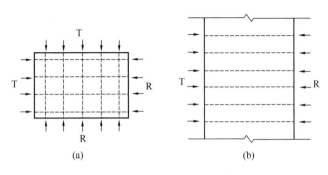

图 5-6　对测法示意图

（a）平面图；（b）立面图

2. 斜测法

当结构物被测部位只有一对平行表面可供测试时，可采用斜测法。测试时调整换能器安放位置，以使能够在任意两个平面进行交叉测试。采用斜测法时，可采用图 5-7 的方式，在侧位两个相互平行的测试面上分别画出网格线，可在对测的基础上进行交叉测试。

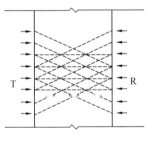

图 5-7　斜侧法立面图

3. 钻孔或预埋管法

当测距较大时，超声波在混凝土中能量损失较大，接收信号较为微弱，不利于对缺陷进行检测分析。此时可采用钻孔法或预埋管法。测试时在测试部位预埋声测管或钻出竖向测试孔，预埋管内径或钻孔直径宜比换能器直径大 5 ~ 10mm，预埋管或钻孔间距宜为 2 ~ 3m，其深度可根据测试需要确定。检测时可用两个径向振动式换能器分别置于两测孔中进行测试，或用一个径向振动换能器与一个厚度振动换能器分别置于测孔中和平行于测孔的平面进行检测。钻孔法测试示意如图 5-8 所示。

由于混凝土本身的不均匀性，测得的声时、波幅等参数也在一定范围内波动，更何况混凝土原材料品种、用量及混凝土的湿度和测距等都不同程度地影响着声学参数值。因此，不可能确定一个固定的临界指标作为判断缺陷的标准，一般都利用统计方法进行判断。

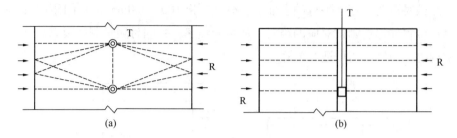

图5-8 钻孔法示意图

(a) 平面图；(b) 立面图

统计学方法的基本思想在于，给定一置信概率（如 0.99 或 0.95），并确定一个相应的置信范围（如 $m_x \pm \lambda_1 S_x$），凡超过这个范围的观测值，就认为它是由于观测失误或者是被测对象性质改变造成的异常值。如果在一系列观测值中混有异常值，必然歪曲试验结果，为了能真实反映被测对象，应剔出测试数据中的异常值。

对于超声检测缺陷技术来讲，认为一般正常混凝土的质量服从正态分布，在测试条件基本一致且无其他因素影响的条件下，其声速、频率和波幅观测值也基本属于正态分布。在一系列观测数据中，凡属于混凝土本身质量的不均匀性或测试中的随机误差带来的数值波动，都应服从统计规律，在给定的置信范围以内，当某些观测值超出了置信范围，可以判断它属于异常值。

检测不密实区和空洞时，应逐点测量每一测点的声时、波幅、主频和测距等声学参数。对于各测点的声学参数的平均值（m_x）和标准差（S_x），可按式（5-21）和式（5-22）计算：

$$m_x = \sum X_i / n \tag{5-21}$$

$$S_x = \sqrt{(\sum X_i^2 - n m_x^2)/(n-1)} \tag{5-22}$$

式中 X_i——第 i 点的声学参数测量值；

n——参与统计的测点数。

将测位各测点的波幅、声速或主频等声学参数按由大到小的顺序排序，即 $X_1 \geqslant X_2 \geqslant \cdots \geqslant X_n \geqslant X_{n+1} \geqslant \cdots$，将排在后面明显小的数据视为可疑，再将这些可疑数据中最大的一个（假定为 X_n）连同其前面的数据按规定计算出 m_x 及 S_x 值，并按下式计算异常情况的判断值（X_0）：

$$X_0 = m_x - \lambda_1 S_x \tag{5-23}$$

式中，λ_1 可按表 5-1 取值。

将判断值（X_0）与可疑数据的最大值（X_n）相比较，当 X_n 不大于 X_0 时，则 X_n 与排列于其后的各数据均为异常值，并且去掉 X_n，再用 $X_1 \sim X_{n-1}$ 进行计算和判别，直至判不出异常值为止；当 X_n 大于 X_0 时，应将 X_{n+1} 放进去重新进行计算和判别。

当测位中判出异常点时，可根据异常点的分布情况，按式（5-24）和式（5-25）进一步判断其相邻测点是否异常：

$$X_0 = m_x - \lambda_2 S_x \tag{5-24}$$

$$X_0 = m_x - \lambda_3 S_x \tag{5-25}$$

式中，λ_2、λ_3 可按表 5-1 取值。当测点布置为网格状时，取 λ_2；当测点呈单排布置时，取 λ_3。

若无法保证换能器耦合状态一致性时，波幅应不作为统计法的判据。

表 5-1　统计数的个数 n 与 λ_1、λ_2、λ_3 值

n	20	22	24	26	28	30	32	34	36	38
λ_1	1.65	1.69	1.73	1.77	1.80	1.83	1.86	1.89	1.92	1.94
λ_2	1.25	1.27	1.29	1.31	1.33	1.34	1.36	1.37	1.38	1.39
λ_3	1.05	1.07	1.09	1.11	1.12	1.14	1.16	1.17	1.18	1.19
n	40	42	44	46	48	50	52	54	56	58
λ_1	1.96	1.98	2.00	2.02	2.04	2.05	2.07	2.09	2.10	2.12
λ_2	1.41	1.42	1.43	1.44	1.45	1.46	1.47	1.48	1.49	1.49
λ_3	1.20	1.22	1.23	1.25	1.26	1.27	1.28	1.29	1.30	1.31
n	60	62	64	66	68	70	72	74	76	78
λ_1	2.13	2.14	2.15	2.17	2.18	2.19	2.20	2.21	2.22	2.23
λ_2	1.50	1.51	1.52	1.53	1.53	1.54	1.55	1.56	1.56	1.57
λ_3	1.31	1.32	1.33	1.34	1.35	1.36	1.36	1.37	1.38	1.39
n	80	82	84	86	88	90	92	94	96	98
λ_1	2.24	2.25	2.26	2.27	2.28	2.29	2.30	2.30	2.31	2.31
λ_2	1.58	1.58	1.59	1.60	1.61	1.61	1.62	1.62	1.63	1.63
λ_3	1.39	1.40	1.41	1.42	1.42	1.43	1.44	1.45	1.45	1.45
n	100	105	110	115	120	125	130	140	150	160
λ_1	2.32	2.35	2.36	2.38	2.40	2.41	2.43	2.45	2.48	2.50
λ_2	1.64	1.65	1.66	1.67	1.68	1.69	1.71	1.73	1.75	1.77
λ_3	1.46	1.47	1.48	1.49	1.51	1.53	1.54	1.56	1.58	1.59

当测位中某些测点的声学参数被判为异常时，可结合异常测点的分布及波形

情况确定混凝土内部存在不密实区和空洞的位置及范围。

当缺陷为空洞时，设检测距离为 l，声波在空洞附近无缺陷混凝土中传播的时间平均值为 m_{ta}，绕空调传播的时间为 t_h，空洞半径为 r，当被测部位只有一对可供测试的表面时，只能按空洞位于测距中心考虑，空洞尺寸可按式（5-26）计算：

$$r = l/2 \sqrt{(t_h/m_{ts})^2 - 1} \tag{5-26}$$

5.5.3 混凝土结合面质量检测

对于大体积混凝土或钢筋混凝土框架等重要的结构物，为保证其整体性，需要连续不断地一次性浇筑混凝土，但在实际施工过程中，由于种种原因，往往需要进行多次浇筑。在同一个结构或构件上，两次浇筑的混凝土之间应保持良好的结合，才能确保结构的安全使用。当对多次浇筑的混凝土结合面质量出现疑问时，可采用超声脉冲法对结合面质量进行现场检测。

进行混凝土结合面现场检测时，一般可采用对测法与斜测法，利用穿过与不穿过结合面的超声波声速、波幅和频率等声学参数的变化确定缺陷的位置。

在布置测点时，应注意使测试范围覆盖结合面与有怀疑的区域；各对换能器的斜测距应相等；测点之间的间距应视构件和结合面外观质量情况而定，一般为 100~300mm，若测点之间的间距过大，容易造成缺陷漏检。

各测点的声速、波幅与频率等声学参数可参考混凝土不密实区与空洞检测部分的方法进行类似统计分析。当测点数无法满足统计判断时，可将通过结合面的超声波与未通过结合面的超声波声学参数进行比较，若通过结合面的超声波声学参数较未通过结合面的超声波声学参数显著偏低时，则该点可判为异常点。当通过结合面的某些测点被判为异常点，若无其他因素影响时，可判定混凝土结合面在该部位结合不良。

当测试数据过少或数据较为离散时，无法采用统计法进行判断，此时可通过结合面的声速、波幅值与不通过结合面的声速、波幅值进行比较，如果前者的声速、波幅明显比后者低，则该点可判为异常测点。

5.5.4 表面损伤层检测

混凝土结构受火灾、冻融破坏、化学侵蚀时，可使其表面损坏形成疏松层。在进行表面损伤层检测时，通常都假定表面损伤层与未损伤层有明显的分界面，但实际情况并非如此，国内外的研究都表明，损伤层向未损伤层过渡是一个循序渐进的过程，两者之间并没有明确的界限。通常，为了方便计算，还是把混凝土表面简单地划分为损伤层与未损伤层，当对混凝土表面损伤层进行检测时，应根据构件的损伤情况与外观质量选取有代表性的部位进行检测，被测部位表面应尽量平整，并保持自然干燥状态，无暗缝和饰面层。

表面损伤层检测时应选择频率较低的厚度振动式换能器。测试时，T 换能器耦合良好，并保持不动，然后将 R 换能器依次耦合在间距为 30mm 的测点 1、2、3···，如图 5-9 所示。

依次读取相应的声时值 t_1、t_2、t_3···，测量 T、R 换能器内边缘之间的距离 l_1、l_2、l_3···。每一测位的测点不得少于 6 个，当损伤层较厚时，应适当增加测点数。当混凝土损伤层分布不均匀时，应适当增加测位数。

根据各测点的声时值 t_i 与测距 l_i，可作出如图 5-9 所示的"声时-测距"坐标图，未损伤混凝土声速直线与损伤混凝土声速直线交于图 5-10 中拐点处。

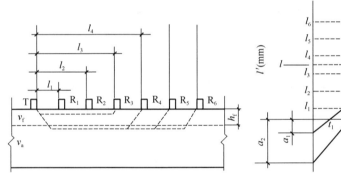 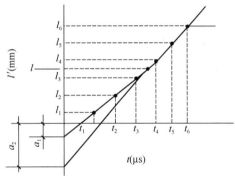

图 5-9　损伤厚度检测示意图　　　图 5-10　损伤厚度检测"声时-测距"图

当对测量数据进行回归分析时，可得到损伤与未损伤混凝土中"测距-声时"线性方程。

损伤混凝土：

$$l_f = a_1 + b_1 t_f \tag{5-27}$$

未损伤混凝土：

$$l_a = a_2 + b_2 t_a \tag{5-28}$$

式中　　　l_f、l_a——测距值（mm）；

　　　　　t_f、t_a——声时值（μs）；

a_1、b_1、a_2、b_2——回归系数。

混凝土损伤层厚度可按式（5-30）计算：

$$l_0 = (a_1 b_2 - a_2 b_1)/(b_2 - b_1) \qquad (5-29)$$

$$h_f = l_0/2 \sqrt{(b_2 - b_1)/(b_2 + b_1)} \qquad (5-30)$$

式中　h_f ——混凝土损伤层厚度（mm）。

由于平面式换能器辐射声场的扩散角与其频率成反比，频率越低，声场的扩散角越大，平测时传播到接收换能器的脉冲信号越强，所以平测法一般采用 30 ~ 50kHz 的低频换能器。

当内层声速大于外层声速时，这种方法还可以用来测量双层结构中不可测层的脉冲传播速度。

有时由于损伤程度轻或损伤层厚度不大，可能出现两层声速差别不大。因此，测量时必须准确测量 T、R 换能器之间的距离。

5.5.5　钢管混凝土缺陷检测

钢管混凝土是在钢管中浇灌混凝土并振捣密实，使钢管与混凝土共同受力的一种新型的复合结构材料，它具有强度高、塑性变形大、抗震性能好、施工快等优点。同钢筋混凝土的承载力相比，钢管混凝土的承载力更高，因而可以节省混凝土用量，缩小混凝土构件的断面尺寸，降低构件的自重，在施工中可以节省全部的模板用量。可见，推广钢管混凝土结构具有良好的技术经济价值。

随着钢管混凝土结构在工业、桥梁、建筑工程中的推广应用，关于钢管中混凝土的施工质量、强度及其与钢管结合整体性问题，已成为工程质量检查与控制迫切需要解决的技术问题。结合钢管混凝土结构设计与施工等标准的编制，同济大学材料系于 1984 年对钢管混凝土质量和强度检测技术采用超声法进行了系统的研究，确定了检测方法的有效可行性。目前，超声法检测钢管混凝土缺陷已被纳入中国工程建设标准化协会标准《超声法检测混凝土缺陷技术规程》（CECS 21：2000）。

钢管混凝土缺陷是指钢管内混凝土材料中形成的空洞、疏松、低强度区、施工缝、严重的分层离析以及钢管与混凝土胶结不良等。

超声波在混凝土中传播的声速 v_c 约为 4200m/s，超声波在钢材中传播的声速 v_s 约为 5300m/s，即：

$$v_s = 1.26 v_c \qquad (5-31)$$

设钢管直径为 R，钢管混凝土超声波径向传播声时等于沿钢管壁半周传播声时，有：

$$\frac{2R}{v_c} = \frac{\pi R}{5300} \tag{5-32}$$

即当超声波在混凝土中的传播速度 $v_{混} > 3500\text{m/s}$ 时，沿混凝土径向与沿钢管壁传播的超声波信号会有所区别，可使用超声波对钢管混凝土缺陷进行检测。试验证明，超声波在混凝土中的传播速度一般在 4000m/s 以上，虽然不同的混凝土会有所差异，但还是远远大于 3500m/s。

由以上可知，声通路主要取决于钢管中混凝土的探测距离，而超声波发射、接收换能器接触的两层钢管壁厚相对于钢管混凝土的测距是很短的，对"声时"检测的影响不会比钢筋混凝土中垂直声通路的钢筋影响大。通过钢管中混凝土和钢管混凝土穿透对测的比较，钢管壁对钢管混凝土缺陷检测的声时影响很小，"测缺"时，一般可以采用钢管外径作为超声对测的传播测距。

通常，采用超声波声速、首波波幅、频谱分析、波形变化等可有效地对钢管混凝土缺陷作出评判。

① 当混凝土或表层存在缺陷时，在超声波传播路径上存在空洞、疏松区域等缺陷介质，超声波在传播过程中遇到这些介质时，将绕过缺陷继续传播，试验测得的声时值将比超声波在正常混凝土中传播的声时值大，即测得的声速值偏低。

② 由于缺陷介质的存在，使得超声波在缺陷界面发生不规则的散射，与超声波在正常的混凝土中传播相比较，换能器接收到的能量损失较大，接收信号首波波幅偏低。

③ 超声波在混凝土内部传播过程中，超声波在缺陷界面处发生反射、折射，由于能量的衰减与其频率的平方成正比，导致高频信号衰减较低频信号快。在测得的超声波信号中，其频率总是比正常混凝土中偏低，通过对接收信号进行频谱分析，可对混凝土缺陷作出有效判断。

④ 超声波在缺陷界面上发生复杂的反射、折射，使声波传播的相位发生差异，波形叠加后可导致接收信号放形发生畸变，与质量正常的钢管混凝土测试信号相比较，波形变化具有很强的可比性。

采用超声波进行钢管混凝土缺陷检测时，可采用径向对测的方式进行，换能器布置情况如图 5-11 所示。

检测时，应选择钢管与混凝土粘结良好的部位布置测点。布测点时，可先测量钢管实际周长，再将圆周等分，在钢管测试部位画出若干根母线和等间距的环向线，线间距宜为 150～300mm。

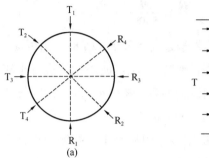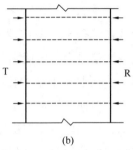

图 5-11　钢管混凝土检测示意图

（a）平面图；（b）立面图

检测时，在钢管混凝土每一环线上保持 T、R 换能器连线通过圆心，作径向对测，沿环向逐点检测。

在钢管混凝土缺陷检测过程中，各声学参数异常值可按不密实区检测中的判断方法进行类似判断，只是对于数据异常的测点，应检查该部位是否存在钢管壁与混凝土脱离的现象，若无脱离等因素的影响，基本可判断该点异常。

对直径较大的钢管混凝土，也可参照灌注桩混凝土缺陷检测的方式采用预埋声测管检测。

5.6　火灾后混凝土结构检测

5.6.1　建筑结构火灾后的检测鉴定程序

建筑物发生火灾后应及时对建筑结构进行检测鉴定，检测人员应到现场调查所有过火房间和整体建筑物。对有垮塌危险的结构构件，应首先采取防护措施。建筑结构火灾后的检测鉴定程序，可根据需要分为初步检测鉴定和详细检测鉴定两阶段进行。

1. 初步检测鉴定应包括下列内容：

（1）现场初步调查。现场勘察火灾残留状况，观察结构损伤严重程度，了解火灾过程，制定检测方案。

（2）火作用调查。根据火灾过程，火场残留物状况初步判断结构所受的温度范围和作用时间。

（3）查阅分析文件资料。查阅火灾报告、结构设计和竣工等资料，并进行核实，对结构所能承受火灾作用的能力作出初步判断。

（4）观察检测结构构件，进行初步鉴定评级。根据结构构件损伤状态特征按规定进行结构构件的初步鉴定评级。

（5）编制鉴定报告或准备详细检测鉴定。根据相关规定损伤等级为Ⅱ$_b$级、Ⅲ级的重要结构构件，应进行详细鉴定评级。对不需要进行详细检测鉴定的结构，可根据初步鉴定结果直接编制鉴定报告。

2. 详细检测鉴定应包括下列内容：

（1）火作用详细调查与检测分析。根据火灾荷载密度、可燃物特性、燃烧环境、燃烧条件、燃烧规律分析区域火灾温度-时间曲线，并与初步判断相结合，提出用于详细检测鉴定的各区域的火灾温度-时间曲线；也可根据材料微观特征判断受火温度；

（2）结构构件专项检测分析。根据详细鉴定的需要作受火与未受火结构的材质性能、结构变形、节点连接结构构件承载能力等专项检测分析；

（3）结构分析与构件校核。根据受火结构的材质特性几何参数、受力特征进行结构分析计算和构件校核分析，确定结构的安全性和可靠性；

（4）构件详细鉴定评级。根据结构分析计算和构件校核分析结果按相关规定进行结构构件的详细鉴定评级；

（5）编制详细检测鉴定报告。对需要再作补充检测的项目，待补充检测完成后再编制最终鉴定报告。

5.6.2　调查和检测

火灾后建筑结构调查和检测的内容应包括火灾影响区域调查与确定、火场温度过程及温度分布推定、结构内部温度推定、结构现状检查与检测。火灾后建筑结构鉴定调查和检测的对象应为整个建筑结构，或者是结构系统相对独立的部分结构；对于局部小范围火灾，经初步调查确认受损范围仅发生在有限区域时，调查和检测对象也可仅考虑火灾影响区域范围内的结构或构件。

1. 火作用调查

火灾对结构的作用温度、持续时间及分布范围应根据火灾调查、结构表观状况、火场残留物状况及可燃物特性、通风条件、灭火过程等综合分析推断，对于重要烧损结构应有结构材料微观分析结果参与推断。

火场温度过程可根据火荷载密度、可燃物特性、受火墙体及楼盖的热传导特性、通风条件及灭火过程等按燃烧规律推断；必要时可采用模拟燃烧试验确定。

构件表面曾经达到的温度及作用范围可根据火场残留物熔化、变形、燃烧、烧损程度进行推断。

火灾后结构构件内部截面曾经达到的温度可根据火场温度过程、构件受火状况及构件材料特性按热传导规律推断。

火灾中直接受火烧灼的混凝土结构构件表面曾经达到的温度及范围可根据混凝土表面颜色、裂损剥落、锤击反应进行推断。

火灾后混凝土结构构件内部截面曾经达到的温度，可根据当量标准升温时间 t_e 推断。当量标准升温时间 t_e 按下列规定取值：

若曾经发生猛烈燃烧大火且主要可燃物为纤维素类物品时，当量标准升温时间 t_e 可根据火灾调查和火荷载密度及通风条件进行推断；

若未曾发生猛烈大火时，当量标准升温时间 t_e 可根据构件表面温度按公式（5-33）推断。

$$t_e = \exp(T/204) \tag{5-33}$$

式中　T——构件的表面温度（℃）。

对于直接受火的钢筋混凝土楼板，可根据构件表面颜色、裂损状况、锤击声音等特征确定当量标准升温时间 t_e。

火灾后混凝土结构构件截面内部曾经达到的温度，也可根据混凝土材料微观分析结果进行推断。

2. 结构现状检测

结构现状检测应包括下列全部或部分内容：

（1）结构烧灼损伤状况检查；

（2）温度作用损伤或损坏检查；

（3）结构材料性能检测。

对直接暴露于火焰或高温烟气的结构构件，应全数检查烧灼损伤部位。对于一般构件可采用外观目测、锤击回声、探针、开挖探槽（孔）等手段检查，对于重要结构构件或连接，必要时可通过材料微观结构分析判断。

对承受温度应力作用的结构构件及连接节点，应检查变形、裂损状况；对于不便观察或仅通过观察难以发现问题的结构构件，可辅以温度作用应力分析判断。

火灾后结构材料的性能可能发生明显改变时，应通过抽样检验或模拟试验确定材料性能指标；对于烧灼程度特征明显，材料性能对建筑物结构性能影响敏感程度较低，且火灾前材料性能明确，可根据温度场推定结构材料的性能指标，并

宜通过取样检验修正。

5.6.3　火灾后结构分析与构件校核

1）火灾后结构分析应包括下列内容：

（1）火灾过程中的结构分析：应针对不同的结构或构件（包括节点连接），考虑火灾过程中的最不利温度条件和结构实际作用荷载组合，进行结构分析与构件校核。

（2）火灾后的结构分析：应考虑火灾后结构残余状态的材料力学性能、连接状态、结构几何形状变化和构件的变形、损伤等，进行结构分析与构件校核。

2）结构内力分析时局部火灾未造成整体结构明显变位、损伤及裂缝时，可仅考虑局部作用；支座没有明显变位的连续结构（板、梁、框架等）可不考虑支座变位的影响。

3）火灾后结构构件的抗力，在考虑火灾作用对结构材料性能、结构受力性能的不利影响后，可按照现行设计规范和标准的规定进行验算分析；对于烧灼严重、变形明显等损伤严重的结构构件，必要时应采用更精确的计算模型进行分析；对于重要的结构构件，宜通过试验检验分析确定。

5.6.4　火灾后结构构件鉴定评级

火灾后结构构件的鉴定评级分初步鉴定评级和详细鉴定评级。

1）火灾后结构构件的初步鉴定评级，应根据构件烧灼损伤、变形、开裂（或断裂）程度按下列标准评定损伤状态等级。

II_a 级：轻微或未直接遭受烧灼作用，结构材料及结构性能未受或仅受轻微影响，可不采取措施或仅采取提高耐久性的措施；

II_b 级：轻度烧灼，未对结构材料及结构性能产生明显影响，尚不影响结构安全，应采取提高耐久性或局部处理和外观修复措施；

III 级：中度烧灼尚未破坏，显著影响结构材料或结构性能，明显变形或开裂，对结构安全或正常使用产生不利影响，应采取加固或局部更换措施；

IV 级：火灾中或火灾后结构倒塌或构件塌落；结构发生严重烧灼损坏、变形损坏或开裂损坏，结构承载能力丧失或大部分丧失，危及结构安全，必须或必须立即采取安全支护、彻底加固或拆除更换措施。

注：火灾后结构构件损伤状态不评 I 级。

2）火灾后结构构件的详细鉴定评级，应根据检测鉴定分析结果评为 b、c、

d 级。

b 级：基本符合国家现行标准下限水平要求，尚不影响安全，尚可正常使用，宜采取适当措施；

c 级：不符合国家现行标准要求，在目标使用年限内影响安全和正常使用，应采取措施；

d 级：严重不符合国家现行标准要求，严重影响安全，必须及时或立即加固或拆除。

注：火灾后的结构构件不评 a 级。

5.6.5　火灾后混凝土结构构件的鉴定评级

火灾后混凝土楼板、屋面板初步鉴定评级应按表 5-2 进行。当混凝土楼板、屋面板火灾后严重破坏，难以加固修复，需要拆除或更换时，该构件初步鉴定可评为Ⅳ级。

表 5-2　火灾后混凝土楼板、屋面板初步鉴定评级标准

等级评级要素		各级损伤等级状态特征		
		Ⅱₐ	Ⅱ_b	Ⅲ
油烟或烟灰		无或局部有	大面积有或局部被烧光	大面积被烧光
混凝土颜色改变		基本未变或被黑色覆盖	粉红	土黄色或灰白色
火灾裂缝		无火灾裂缝或轻微裂缝网	表面轻微裂缝网	粗裂缝网
锤击反应		声音响亮，混凝土表面不留下痕迹	声音较响或较闷，混凝土表面留下较明显痕迹或局部混凝土酥碎	声音发闷，混凝土粉碎或塌落
混凝土脱落	实心板	无	<5 块，且每块面积≤100cm²	>5 块或单块面积>100cm²，或穿透或全面脱落
	肋型板	无	局部有，锚固区无；板中个别处有，但面积不大于 20% 板面积，且不在跨中	锚固区有，板有贯通，面积大于 20% 板面积，或穿过跨中

续表

等级评级要素	各级损伤等级状态特征		
	II $_a$	II $_b$	III
受力钢筋露筋	无	有露筋，露筋长度小于 20% 板跨，且锚固区未露筋	大面积露筋，露筋长度大于 20% 板跨，或锚固区露筋
受力钢筋粘结性能	无影响	略有降低，但锚固区无影响	降低严重
变形	无明显变形	略有变形	较大变形

混凝土梁火灾后初步鉴定评级应按表5-3进行。当火灾后混凝土梁严重破坏，难以加固修复，需要拆除或更换时该构件初步鉴定可评为IV级。

表5-3 火灾后混凝土梁初步鉴定评级标准

等级评级要素	各级损伤等级状态特征		
	II $_a$	II $_b$	III
油烟或烟灰	无或局部有	多处有，或局部烧光	大面积烧光
混凝土颜色改变	基本未变或被黑色覆盖	粉红	土黄色或灰白色
火灾裂缝	无火灾裂缝或轻微裂缝网	表面轻微裂缝网	粗裂缝网
锤击反应	声音响亮，混凝土表面不留下痕迹	声音较响或较闷，混凝土表面留下较明显痕迹或局部混凝土粉碎	声音发闷，混凝土粉碎或塌落
混凝土脱落	无	下表面局部脱落或少量局部露筋	跨中和锚固区单排钢筋保护层脱落，或多排钢筋大面积钢筋深度烧伤
受力钢筋露筋	无	受力钢筋外露不大于30%的梁跨度，单排钢筋不多丁一根，多排筋不多丁二根	受力钢筋外露大于30%的梁跨度，或单排钢筋多丁一根，多排钢筋多于二根
受力钢筋粘结性能	无影响	略有降低，但锚固区无受力钢筋外露不影响	降低严重
变形	无明显变形	中等变形	较大变形

注：表中梁的跨度按计算跨度确定。

混凝土柱火灾后初步鉴定评级应按表5-4进行。当混凝土柱火灾后严重破坏，难以加固修复，需要拆除或更换时该构件初步鉴定可评为Ⅳ级。

表5-4　火灾后混凝土柱初步鉴定评级标准

等级评级要素	各级损伤等级状态特征		
	Ⅱa	Ⅱb	Ⅲ
油烟或烟灰	无或局部有	多处有，或局部烧光	大面积烧光
混凝土颜色改变	基本未变或被黑色覆盖	粉红	土黄色或灰白色
火灾裂缝	无火灾裂缝或轻微裂缝网	轻微裂缝网	粗裂缝网
锤击反应	声音响亮，混凝土表面不留下痕迹	声音较响或较闷，混凝土表面留下较明显痕迹或局部混凝土粉碎	声音发闷，混凝土粉碎或塌落
混凝土脱落	无	部分混凝土脱落	大部分混凝土脱落
受力钢筋露筋	无	轻微露筋，不多于一根，露筋长度不大于20%柱高	露筋多于一根，或露筋长度大于20%柱高
受力钢筋粘结性能	无影响	略有降低	降低严重
变形	$\delta/h \leqslant 0.002$	$0.002 < \delta/h \leqslant 0.007$	$\delta/h > 0.007$

注：1. 表中为层间位移，h 为计算层高或柱高；
　　2. 截面小于400mm×400mm的框架柱，火灾后鉴定评级宜从严。

火灾后混凝土墙初步鉴定评级应按表5-5进行。当混凝土墙火灾后严重破坏，难以加固修复，需要拆除或更换时该构件初步鉴定可评为Ⅳ级。

表5-5　火灾后混凝土墙初步鉴定评级标准

等级评级要素	各级损伤等级状态特征		
	Ⅱa	Ⅱb	Ⅲ
油烟或烟灰	无或局部有	大面积有或部分烧光	大面积烧光
混凝土颜色改变	基本未变或被黑色覆盖	粉红	土黄色或灰白色
火灾裂缝	无或轻微裂缝	微细网状裂缝，且无贯穿裂缝	严重网状裂缝，或有贯穿裂缝
锤击反应	声音响亮，混凝土表面不留下痕迹	声音较响或较闷，混凝土表面留下较明显痕迹或局部混凝土粉碎	声音发闷，混凝土粉碎或塌落
混凝土脱落	无	脱落面积小于50×50cm²，且为表面剥落	最大块脱落面积不小于50×50cm²或大面积剥落

续表

等级评级要素	各级损伤等级状态特征		
	II$_a$	II$_b$	III
受力钢筋露筋	无	小面积露筋	大面积露筋，或锚固区露筋
受力钢筋粘结性能	无影响	略有降低	降低严重
变形	无明显变形	略有变形	有较大变形

火灾后混凝土构件的详细鉴定评级应符合下列规定：

（1）混凝土构件火灾截面温度场取决于构件的截面形式、材料热性能、构件表面最高温度和火灾持续时间。混凝土柱、梁、板的火灾截面温度场可按相关规定判定。

（2）火灾后混凝土和钢筋力学性能指标宜根据钻取混凝土芯样、取钢筋试样检验，也可根据构件截面温度场按相关规定判定。火灾后钢筋与混凝土弹性模量以及钢筋与混凝土粘结强度折减系数可根据构件截面温度场参照相关规定判定。

（3）火灾后混凝土结构和砌体构件承载能力可根据表 5-6 的分级进行鉴定评级。鉴定评级应考虑火灾对材料强度和构件变形的影响。

表 5-6　火灾后混凝土构件承载能力评定等级标准

构件类别		$R_f/(\gamma_0 S)$		
		b	c	d
重要构件	工业建筑	≥0.90	≥0.85	<0.85
	民用建筑	≥0.95	≥0.90	<0.90
次要构件	工业建筑	≥0.87	≥0.82	<0.82
	民用建筑	≥0.90	≥0.85	<0.85

注：1. 表中 R_f 为构件火灾后的抗力、S 为作用效应，γ_0 为结构重要性系数，按现行国家标准《建筑结构可靠度设计统一标准》（GB 50068）的规定取值。

　　2. 评定为 b 级的重要构件应采取加固处理措施。

第6章 既有混凝土结构耐久性检测技术

6.1 混凝土碳化机理及碳化深度检测

一般地，早期混凝土呈碱性，空气、土壤或地下水中的酸性物质，如 CO_2、HCl、SO_2、Cl_2 渗入混凝土表面，与水泥石中的碱性物质发生化学反应的过程称为混凝土的中性化。混凝土在空气中的碳化是中性化最常见的一种形式。

通常情况下，早期混凝土 pH 值一般大于 12.5，在这样高的碱性环境中埋置的钢筋容易发生钝化作用，使得钢筋表面产生一层钝化膜，能够阻止混凝土中钢筋的锈蚀。但当有二氧化碳和水汽从混凝土表面通过孔隙进入混凝土内部和混凝土材料中的碱性物质中和时，会导致混凝土的 pH 值降低。当混凝土完全碳化后，就出现 pH 值小于 9 的情况，在这种环境下，混凝土中埋置钢筋表面的钝化膜被逐渐破坏，在其他条件具备的情况下，钢筋就会发生锈蚀。钢筋锈蚀又将导致混凝土保护层开裂、钢筋与混凝土之间粘结力破坏、钢筋受力截面减少、结构耐久性能降低等一系列不良后果。

由此可见，进行混凝土的碳化规律分析，研究由碳化引起的混凝土化学成分的变化以及混凝土内部碳化的进行状态，对混凝土结构的耐久性研究具有重要的意义。

6.1.1 混凝土碳化机理

混凝土的基本组成是水泥、水、砂和石子，其中水泥与水发生水化反应，生成的水化物自身具有强度（称为水泥石），同时将散粒状的砂和石子粘结起来，成为一个坚硬的整体。在混凝土的硬化过程中，约三分之一水泥将生成氢氧化钙 $[Ca(OH)_2]$，此氢氧化钙在硬化水泥浆体中结晶，或者在其孔隙中以饱和水溶液的形式存在。因为氢氧化钙的饱和水溶液是 pH 值为 12.6 的碱性物质，所以新鲜的混凝土呈碱性。

然而，大气中的二氧化碳却时刻在向混凝土的内部扩散，与混凝土中的氢氧化钙发生作用，生成碳酸盐或者其他物质，从而使水泥石原有的强碱性降低，

pH 值下降到 8.5 左右，这种现象称为混凝土的碳化，是混凝土中性化最常见的一种形式。

混凝土碳化的主要化学反应式如下：

$$CO_2 + H_2O \longrightarrow H_2CO_3 \tag{6-1}$$

$$Ca(OH)_2 + H_2CO_3 \longrightarrow CaCO_3 + 2H_2O \tag{6-2}$$

混凝土的碳化是伴随着二氧化碳气体向混凝土内部扩散，溶解于混凝土孔隙内的水，再与各水化产物发生碳化反应这样一个复杂的物理化学过程。研究表明，混凝土的碳化速率取决于二氧化碳气体的扩散速率及二氧化碳与混凝土成分的反应性。而二氧化碳气体的扩散速率又受混凝土本身的组织密实性、二氧化碳气体的浓度、环境湿度、试件的含水率等因素的影响。所以碳化反应受混凝土内孔溶液的组成、水化产物的形态等因素的影响，这些影响因素可归结为与混凝土自身相关的内部因素和与环境相关的外界因素。对于服役结构物，由于其内部因素已经确定，影响其碳化速率的主要因素是外部因素，如二氧化碳的浓度、环境温度、湿度以及风压。

6.1.2　混凝土碳化的影响因素

混凝土碳化的影响因素如下：

（1）混凝土本身的密实度：混凝土密实度越大，碳化速率越慢；

（2）二氧化碳的浓度：二氧化碳浓度越大，碳化速率越快；

（3）环境温度：环境温度越高，碳化速率越快；

（4）环境湿度：环境相对湿度在 50% ~ 70% 时，碳化速率最快；

（5）风压：风压对混凝土碳化的影响程度主要受风速大小、作用时间长短等因素控制。风速越大，作用时间越长，碳化速率越快。

6.1.3　碳化深度值测量

回弹值测量完毕后，应在有代表性的测区上测量碳化深度值，测点数应不少于构件测区数的 30%，应取其平均值作为该构件每个测区的碳化深度值。当碳化深度值极差大于 2.0mm 时，应在每一测区分别测量碳化深度值。碳化深度值的测量应符合下列规定：

（1）可采用工具在测区表面形成直径约 15mm 的孔洞，其深度应大于混凝土的碳化深度；

（2）应清除孔洞中的粉末和碎屑，且不得用水擦洗；

（3）应采用浓度为 1% ~ 2% 的酚酞酒精溶液滴在孔洞内壁的边缘处，当已碳化与未碳化界线清晰时，应采用碳化深度测量已碳化与未碳化混凝土交界面到混凝土表面的垂直距离，并应测量三次，每次读数应精确至 0.25mm；

（4）应取三次测量的平均值作为检测结果，并应精确至 0.5mm。

6.2 混凝土中钢筋锈蚀机理及检测

通常情况下，早期混凝土具有很高的碱性。其 pH 值一般大于 12.5，在这样高的碱性环境中埋置的钢筋容易发生钝化作用，使得钢筋表面产生一层钝化膜，能够阻止混凝土中钢筋的锈蚀。但当有二氧化碳、水汽、氯离子等介质从混凝土表面通过孔隙进入混凝土内部时，与混凝土材料中的碱性物质中和，从而导致了混凝土的 pH 值降低。当混凝土的 pH 值下降到一定程度时，混凝土中埋置钢筋表面的钝化膜被逐渐破坏，在其他条件具备的情况下，钢筋就会发生锈蚀。钢筋锈蚀又将导致混凝土保护层开裂、钢筋与混凝土之间粘结力破坏、钢筋受力截面减少、结构耐久性能降低等一系列不良后果。

6.2.1 混凝土中钢筋锈蚀机理

1. 碳化引起混凝土中钢筋锈蚀机理

水泥水化物的高碱性使混凝土内的钢筋产生一层致密的氧化膜。以往的研究认为，该钝化膜是由铁的氧化物构成的，但最近的研究表明，该钝化膜中含有 Si—O 键，它对钢筋有很强的保护能力。然而，该钝化膜只有在高碱性环境中才是稳定的，当 pH < 11.5 时就开始不稳定，当 pH < 9.88 时该钝化膜就难以生成或已经生成的钝化膜也会逐渐破坏。

然而，大气中的二氧化碳却时刻在向混凝土的内部扩散，与混凝土中的氢氧化钙发生作用，生成碳酸盐或者其他物质，从而使水泥石原有的强碱性降低，pH 值下降到 8.5 左右，已经生成的钝化膜逐渐破坏，在氧气和水分存在的条件下，钢筋锈蚀就逐渐开展。

2. 氯盐侵蚀引起混凝土中钢筋锈蚀机理

钢筋混凝土结构在使用寿命期间可能遇到的各种暴露条件中，氯化物是一种最危险的侵蚀介质，它催化钢筋的锈蚀。锈蚀过程如下：

（1）破坏钝化膜

氯离子是很强的去钝剂，氯离子进入混凝土到达钢筋表面并吸附于局部的钝化膜处时，可以使该处的 pH 值迅速降低到 4 以下，从而破坏钢筋表面的钝化膜。

（2）形成腐蚀电池

如果在大面积的混凝土表面上有高浓度的氯化物，则氯化物所引起的腐蚀可能是均匀腐蚀，但是在不均匀的混凝土中常见的是局部的腐蚀。氯离子对钢筋表面钝化膜的破坏发生在局部，使这些部位露出铁基体，与尚完好的钝化膜区域形成电位差；铁基体作为阳极而受腐蚀，大面积的钝化膜区域作为阴极。腐蚀电池作用的结果是：在钢筋表面产生蚀坑，由于大阴极对应于小阳极，蚀坑发展十分迅速。

（3）去极化作用

氯离子不仅促成了钢筋表面的腐蚀电池，而且加速了电池的作用。氯离子与阳极反应产物 Fe^{2+} 结合生成 $FeCl_2$，将阳极产物及时地搬运走，使阳极氧化过程顺利甚至加速进行。通常把阳极氧化过程受阻称为阳极极化作用，而把加速阳极极化作用称为去极化作用，氯离子正是发挥了阳极去极化作用。在氯离子存在的混凝土中是很难找到 $FeCl_2$ 的，这是因为 $FeCl_2$ 是可溶的，在向混凝土内扩散时遇到 OH^- 就生成了 $Fe(OH)_2$ 沉淀，再进一步氧化成铁的氧化物，就是通常所说的铁锈。由此可见，氯离子起到了搬运的作用，却并不被消耗，也就是说，凡是进入混凝土中的氯离子就会周而复始地起到破坏作用，这也是氯离子危害的特点之一。

$$Fe^{2+} + 2Cl^- + 4H_2O \longrightarrow FeCl_2 \cdot 4H_2O \qquad (6\text{-}3)$$

$$FeCl_2 \cdot 4H_2O \longrightarrow Fe(OH)_2 + 2Cl^- + 2H^+ + 2H_2O \qquad (6\text{-}4)$$

（4）导电作用

腐蚀电池的要素之一是要有离子通道。混凝土中氯离子的存在强化了离子通道，降低了阴阳极之间的欧姆电阻，提高了腐蚀电池的效率，从而加速了电化学腐蚀过程。氯化物还提高了混凝土的吸湿性，这也能减少阴阳极之间的欧姆电阻。

6.2.2　混凝土中钢筋锈蚀的影响因素

影响钢筋锈蚀的因素主要有两个方面：外部因素与内部因素。外部因素主要是钢筋/混凝土界面的温度、湿度、混凝土孔隙液的溶解氧的浓度，引起混凝土碳化的污染性气体及物质如 CO_2、SO_2 及 NO_2，氯离子，杂散电流等。其影响形式主要从以下几个方面说明：

（1）碱-骨料反应：它是指水泥的碱和骨料中的活性硅发生的反应，生成碱-硅酸盐凝胶，并吸水使体积膨胀到原来的 3~4 倍，产生的膨胀压力导致混凝土剥落、开裂、强度的降低。

（2）混凝土的冻融破坏：混凝土水化硬结后其内部产生诸多毛细孔，部分水以游离水的形式滞留于毛细孔中，遇到低温就会结冰膨胀，多次冻融循环后，混凝土内部结构破坏，导致强度降低。

（3）混凝土的碳化：混凝土中 $Ca(OH)_2$ 与渗透进混凝土中的二氧化碳和其他酸性气体发生化学反应。其实质是混凝土的中性化，最终钢筋表面的碱性钝化膜破坏使钢筋发生锈蚀。

（4）环境因素对钢筋锈蚀速度的综合效应：温度升高，电极反应速率加快，同时，混凝土孔隙液中的溶解氧减少，导致反应速率减慢。试验研究表明，温度升高，最终导致钢筋腐蚀速率的增加。相对湿度主要影响混凝土的碳化，试验研究表明在混凝土较干燥的条件下比潮湿的条件下碳化速度快，因为 CO_2 的扩散在干燥条件下更容易进行。

（5）氯离子的侵蚀：外界环境中的氯离子侵入已硬化的混凝土中最终导致钢筋的锈蚀，氯离子对混凝土的侵蚀属于化学侵蚀。海水、撒冰盐等都是氯离子的重要来源。

在外部因素中，氯离子的危害最为严重，由于其离子半径小，电负性较强，因而其吸附性和扩散穿透力极强，其含量的增加将会导致混凝土电阻率下降，钢筋腐蚀速率增加，pH 值下降，即使在 pH 值大于 12 的条件下，也能使钢筋钝化膜破坏。

内部影响因素主要是水泥的参数：

（1）混凝土的强度等级：强度等级越高，其耐久性越好；

（2）混凝土的渗透性：渗透性好，耐久性差；

（3）保护层厚度；

（4）水泥的水灰比（W/C）：研究表明，裂缝分布愈密，混凝土水灰比（W/C）愈大，养护时间愈短，强度愈低。裂缝宽度越大，混凝土渗透性越大，钢筋锈蚀就越快。

6.2.3 混凝土中钢筋锈蚀的检测

对钢筋锈蚀的正确检测与评价可以对构件的剩余使用寿命和可能的维修提供十分重要的数据和建议。混凝土中钢筋锈蚀是一个电化学过程，电化学测量是反映其本质过程的有力手段，电化学法还有测试速率快、灵敏度高、可连续跟踪和原位检测等优点，因此电化学检测方法得到了很大的重视和发展。混凝土中钢筋锈蚀的电化学检测方法主要是半电池电位。

此法的最大优点是通过测量不同点处的电位值，并绘制出等电位图，由此可判断图中电位最负处和等电位线较密集处（即电位梯度较大处）为阳极区，周围是阴极区；可以判断结构锈蚀区和非锈蚀区，及大致的腐蚀程度；还可以判断钢筋腐蚀的类型（坑腐蚀或均匀腐蚀）。

1. 半电池电位法原理

钢筋在混凝土中锈蚀是一种电化学过程。此时，在钢筋表面形成阳极区和阴极区。在这些具有不同电位的区域之间，混凝土的内部将产生电流，钢筋和混凝土的电学活性可以看作是半个弱电池组，钢筋的作用是一个电极，而混凝土是电解质。这就是半电池电位检测法的名称来由。

半电池电位法是利用"$Cu + CuSO_4$ 饱和溶液"形成的半电池（或其他参比电极）与"钢筋 + 混凝土"形成的半电池构成的一个全电池系统。由于"$Cu + CuSO_4$ 饱和溶液"的电位值相对恒定，而混凝土中钢筋因锈蚀产生的化学反应将引起全电池的变化，因此，电位值可以评估钢筋锈蚀状态。

采用半电池电位法适用于定性评估凝土结构及构件中钢筋的锈蚀性状，不适用于带涂层的钢筋以及混凝土已饱水和接近饱水的构件检测，钢筋的实际锈蚀状况宜进行剔凿实测验证。

2. 半电池电位法仪器性能要求

检测设备包括半电池电位法钢筋锈蚀检测仪（以下简称钢筋锈蚀检测议）和钢筋探测仪等。

（1）钢筋锈蚀检测仪应由铜－硫酸铜半电池（以下简称半电池）、电压仪和导线构成。

（2）饱和硫酸铜溶液应采用分析纯硫酸铜试剂晶体溶解于蒸馏水中制备。应使刚性管的底部积有少量未溶解的硫酸铜结晶体，溶液应清澈且饱和。

（3）半电池的电连接垫应预先浸湿，多孔塞和混凝土构件表面应形成电通路。

（4）电压仪应具采集、显示和存储数据的功能，满量程不宜小于 1000mV。在满量程范围内的测试允许误差为 ±3%。

（5）用于连接电压仪与混凝土中钢筋的导线为铜导线，其总长度不宜超过 150m，截面面积大于 $0.75mm^2$，在使用长度内因电阻干扰所产生的测试回路电压降应不大于 0.1mV。

3. 钢筋锈蚀检测仪的保养、维护与校准

（1）钢筋锈蚀检测仪使用后，应及时清洗刚性管、铜棒和多孔塞，并应密闭盖好多孔塞。

（2）钢棒可采用稀释的盐酸溶液轻轻擦洗，并用蒸馏水清洗洁净。不得用钢毛刷擦洗铜棒及刚性管。

（3）硫酸铜溶液应根据使用时间给予更换，更换后宜采用甘汞电极进行校准。在室温（22±1）℃时，铜-硫酸铜电极与甘汞电极之间的电位差应为（68±10）mV。

4. 钢筋半电池电位检测技术

1）在混凝土结构及构件上可布置若干测区，测区面积不宜大于 5m×5m，并应按确定的位置编号。每个测区应采用矩阵式（行、列）布置测点，依被测结构及构件的尺寸，宜用 100mm×100mm~500mm×500mm 划分网格，网格的节点应为电位测点。每个结构或构件的半电池电位法测点数应不少于 30 个。

2）当测区混凝土有绝缘涂层介质隔离时，应清除绝缘涂层介质。测点处混凝土表面应平整、清洁。必要时应采用砂轮或钢丝刷打磨，并应将粉尘等杂物清除。

3）导线与钢筋的连接应按下列步骤进行：

（1）采用钢筋探测仪检测钢筋的分布情况，并应在适当位置剔凿出钢筋；

（2）导线一端应接于电压仪的负输入端，另一端应接于混凝土中钢筋上；

（3）连接处的钢筋表面应除锈或消除污物，并保证导线与钢筋有效连接；

（4）测区内的钢筋（钢筋网）必须与连接点的钢筋形成电通路。

4）导线与半电池的连接应按下列步骤进行：

（1）连接前应检查各种接口，接触应良好；

（2）导线一端应连接到半电池接线插头上，另一端应连接到电压仪的正输入端。

5）测区混凝土应预先充分浸湿。可在饮用水中加入适量（约 2%）家用液态洗涤剂配制成导电溶液，在测区混凝土表面喷洒，半电池的电连接垫与混凝土表面测点应有良好的耦合。

6）半电池检测系统稳定应符合下列要求：

（1）在同一测点，用相同半电池重复两次测该点的电位差值应小于 10mV；

（2）在同一测点，用两只不同的半电池重复两次测得该点的电位差值应小于 20mV。

7）半电池电位的检测应按下列步骤进行：

（1）测量并记录环境温度；

（2）应按测区编号，将半电池依次放在电位测点上，检测并记录各测点的电位值；

（3）检测时，应及时清除电连接垫表面的吸附物，半电池多孔塞与混凝土表面应形成电通路；

（4）在水平方向和垂直方向上检测时，应保证半电池刚性管中的饱和硫酸铜溶液同时与多孔塞和钢棒保持完全接触；

（5）检测时应避免外界各种因素产生的电流影响。

8）当检测环境温度在（22±5）℃之外时，应按下列公式对测点的电位值进行温度修正：

当 $T \geqslant 27℃$：

$$V = K \times (T - 27.0) + V_R \qquad (6\text{-}5)$$

当 $T \leqslant 27℃$：

$$V = K \times (T - 17.0) + V_R \qquad (6\text{-}6)$$

式中　V——温度修正后的电位值（mV），精确至 1mV；

V_R——温度修正前的值（mV），精确至 1mV；

T——检测环境的温度（℃），精确至 1℃；

K——系数（mV/℃）。

第7章　混凝土构件结构性能检验

构件性能检测是针对构件的承载力、挠度、裂缝控制性能等各项指标所进行的检测。本章介绍了构件检测的内容、抽样数量的规定、检测仪器和方法的要求、检验结果的验收及允许二次检验的规定等。另外，构件性能检测之前，应详细了解构件的基本信息，制定周密的检验方案。

7.1　基本要求

7.1.1　结构性能试验的概念

构件的结构荷载试验是通过对试验构件施加荷载，观测构件的变化（包括：变形、裂缝、破坏）情况，从而判断被测构件的结构性能（承载能力）。构件的结构性能荷载试验，按其在被测构件或结构上作用荷载特性的不同，可分为静荷载试验（简称静载或静力试验）和动荷载试验（简称动载或动力试验）。如果按荷载在试验结构上的持续时间的不同，又可分为短期荷载试验和长期荷载试验。

本章主要讨论预制构件结构性能检验的短期静荷载试验。

7.1.2　检测依据

《混凝土结构工程施工质量验收规范》（GB 50204）

《混凝土结构试验方法标准》（GB/T 50152）

《混凝土结构设计规范（2015 年版）》（GB 50010）

《建筑结构荷载规范》（GB 50009）

《建筑结构检测技术标准》（GB 50344）

《混凝土结构现场检测技术标准》（GB/T 50784）

7.1.3　仪器设备及环境

1）常用检测仪器一般分为加载设备和量测仪器。

加载设备：加载梁、支墩、支座、千斤顶、加载砝码等；

量测仪器：应变仪、位移计、裂缝观测仪等。

2）预制构件结构性能试验条件应满足下列要求：

（1）构件应在 0℃以上的温度中进行试验；

（2）蒸汽养护后的构件应在冷却至常温后进行试验；

（3）构件在试验前应测量其实际尺寸，并检查构件表面，所有的缺陷和裂缝应在构件上标出。

3）试验用的加荷设备及量测仪表应预先进行标定或校准。

7.2 构件取样与试件安装要求

7.2.1 取样要求

对于构件结构性能检验数量，应符合下列要求：

成批生产的混凝土构件，应按同一生产工艺正常生产的不超过 1000 件，且不超过 3 个月的同类型产品为一批。当连续检验 10 批且每批的结构性能检测结果均符合规范规定的要求时，对同一生产工艺正常生产的构件，可改为不超过 2000 件且不超过 3 个月的同类型产品为一批。在每批中应随机抽取一个构件作为试件进行结构性能检验，同时抽取 2 个备用构件，以便在需进行复检时使用。

7.2.2 试件的安装要求

对于进行结构性能检验的构件，其支承方式应符合下列规定：

（1）板、梁和桁架等简支构件，试验时应一端采用滚动支承，另一端采用铰支承。铰支承可采用角钢、半圆型钢或焊于钢板上的圆钢，滚动支承可采用圆钢；

（2）四角简交或四边简支的双向板，其支承方式应保证支承处构件能自由转动，支承面可以相对水平移动；

（3）当试验的构件承受较大集中力或支座反力时，应对支承部分进行局部受压承载力验算；

（4）构件与支承面应紧密接触，钢垫板与构件、锅垫板与支墩间，宜铺砂浆垫平；

（5）构件支承的中心线位置应符合标准图或设计的要求。

7.2.3　试验构件的荷载布置方法

构件进行结构性能试验时，其荷载的布置方法包括：均布荷载和集中荷载两种形式。对板、梁和桁架等简支构件采用集中荷载方式加载时，又分为三分点加荷和四分点加荷两种方式。构件的具体加荷方式，在一般情况下应符合下列规定：

（1）构件的试验荷载布置应符合标准图或设计的要求；

（2）当试验荷载布置不能完全与标准图或设计的要求相符时，应按荷载效应等效的原则换算，即使构件试验的内力图形与设计的内力图形相似，并使控制截面上的内力值相等，但应考虑荷载布置改变后对构件其他部位的不利影响。

7.2.4　加载方法

在现场试验过程中，荷载的加载方法应根据标准图或设计的加载要求、构件类型及加荷设备条件等进行选择。当按不同形式荷载组合进行加载试验（包括均布荷载、集中荷载、水平荷载和竖向荷载等）时，各种荷载应按比例增加。

1. 荷重块加载

荷重块加载适用于均布加载试验。荷重块应有序成垛堆放，沿试验构件的跨度方向的每堆长度应不大于试验构件跨度的 1/6；对于跨度为 4m 和 4m 以下的试验构件，每堆长度应不大于构件跨度的 1/4；堆间宜留 50 ~ 150mm 的间隙。红砖等小型块状材料，宜逐级分堆称量；铁块、混凝土块等块状重物应逐块或逐级分堆称重，最大块重应满足加载分级的需要，并不宜大于 25kg；对于块体大小均匀、含水量一致，又经抽样核实块重确系均匀的小型块材，可按平均块重计算加载量。

2. 千斤顶加载

加载适用于集中加载试验。千斤顶加载时，可采用分配梁系统实现多点集中加载。千斤顶的加载值宜采用荷载传感器量测，也可采用油压表量测。在用千斤顶进行加荷时，其量程应满足构件最大测值的要求，最大测值不宜大于选用千顶最大量程的 80%。

试验构件、设备及量测仪表均应有防风防雨、防晒和防摔等保护措施。

7.3　荷载试验操作步骤

7.3.1　制订检验方案

1. 检验内容

预制构件的结构性能检测，应按标准图或设计要求的试验参数及检验指标进行。其检验主要内容包括：钢筋混凝土构件和允许出现裂缝的预应力混凝土构件进行承载力、挠度和裂缝宽度检验；不允许出现裂缝的预应力混凝土构件进行承载力、挠度和抗裂检验；预应力混凝土构件中的非预应力杆件按钢筋混凝土构件的要求进行检验。对设计成熟、生产数量较少的大型构件，当采取加强材料和制作质量检验的措施时，可仅作挠度、抗裂或缝宽度检验；当采取上述措施并有可靠的实践经验时，可不作结构性能检验。

2. 试验荷载的确定

1）在进行混凝土结构试验前，应根据试验要求分别确定下列试验荷载值。

（1）对构件的挠度、抗裂度（裂缝宽度）试验，应确定正常使用极限状态试验荷载值或检验荷载标准值；

（2）对构件的抗裂试验，应确定开裂试验荷载值；

（3）对构件的承载力试验，应确定承载能力极限状态试验荷载值，或称为承载力检验荷载值。

2）检验性试验构件的检验荷载标准值应按下列方法确定。

（1）预应力混凝土空心板的检验荷载标准值，按相应所测空心板规格，查图集结构性能检验参数表中检验荷载标准值 q_k^c（kN/m）乘以板计算跨度计算得到。

（2）现浇混凝土结构构件的正常使用极限状态试验荷载值，应根据结构构件控制截面上的荷载短期效应组合的设计值 S_S 和试验加载图式经换算确定。

（3）荷载短期效应组合的设计值 S_S 应按国家标准《建筑结构荷载规范》（GB 50009）计算确定，或由设计文件提供。

《建筑结构荷载规范》（GB 50009）中对于标准组合、荷载效应组合设计值 S_S 应按式（7-1）计算：

$$S = S_{Gk} + S_{Qik} + \sum_{i=2}^{N} \psi_{ci} S_{Qik} \tag{7-1}$$

式中　S_{Gk}——按永久荷载标准值 G_k 计算的荷载效应值;

S_{Qik}——按可变荷载标准值 Q_{ik} 计算的荷载效应值,其中 Q_{ik} 在诸可变荷载效应中起到控制作用;

ψ_{ci}——可变荷载 Q_i 的组合值系数,应分别按各章的规定采用。

3)试验构件的开裂试验荷载计算按式(7-2)计算:

$$S_{cr}^c = [\gamma_{cr}]S_S \qquad (7-2)$$

式中　S_{cr}^c——正截面抗裂检验的开裂内力计算值;

$[\gamma_{cr}]$——构件抗裂检验系数允许值,按所测空心板规格查图集结构性能检验参数表中 $[\gamma_{cr}]$ 得到;

S_S——检验荷载标准值。

4)构件的承载力检验值应按下列方法计算:

当按设计要求规定进行检验时,应按式(7-3)计算:

$$S_{ul}^c = r_0[v_u]S \qquad (7-3)$$

式中　S_{ul}^c——当按设计要求规定进行检验时,结构构件达到承载力极限状态时的内力计算值,也可称为承载力检验值(包括自重产生的内力);

r_0——结构构件的重要性系数;

$[v_u]$——结构构件承载力检验系数允许值,按现行国家标准《混凝土结构工程施工质量验收规范》(GB 50204)取用,具体见表7-1;

S——承载力检验荷载设计值,按相应所测空心板规格,查图集结构性能检验参数表中承载力检验荷载设计值 q_u^e(kN/m)乘以板计算跨度计算得到。

表7-1　构件的承载力检验系数允许值

受力情况	达到承载能力极限状态的检验标志		v_u
轴心受拉、偏心受控、受弯、大偏心受压	①受压主筋处的最大裂缝宽度达到1.5mm,或挠度达到跨度的1/50	热轧钢筋	1.20
		钢丝、钢绞线、热处理钢筋	1.35
	②受压区混凝土破坏	热轧钢筋	1.30
		钢丝、钢绞线、热处理钢筋	1.45
	③受拉主筋拉断		1.50
受压构件的受检	④腹部斜裂缝达到1.5mm,或斜裂缝末端受压混凝土减压破坏		1.40
受压构件的受检	⑤沿斜面混凝土斜压破坏,受压主筋在端部滑落或其他锚固破坏		1.55
轴心受压、小偏心受压	⑥混凝土受压		1.50

150

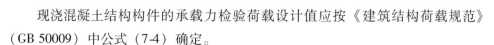

现浇混凝土结构构件的承载力检验荷载设计值应按《建筑结构荷载规范》（GB 50009）中公式（7-4）确定。

$$S = \gamma_G S_{Gk} + \gamma_{Qi} S_{Qik} + \sum_{i=2}^{n} \gamma_{Qi} \psi_{ci} S_{Qik} \qquad (7\text{-}4)$$

式中　γ_G——永久荷载的分项系数，按《建筑结构荷载规范》（GB 50009）第 3.2.5 条采用；

　　　γ_{Qi}——第 i 个可变荷载的分项系数，其中 γ_{Qi} 为可变荷载 Q_1 的分项系数，应按《建筑结构荷载规范》（GB 50009）第 3.2.5 条采用；

　　　S_{Gk}——按永久荷载标准值 G_k 计算的荷载效应值；

　　　S_{Qik}——按可变荷载标准值 Q_{ik} 计算的荷载效应值，其中 S_{Qik} 为诸可变荷载效应中起控制作用者；

　　　ψ_{ci}——可变荷载 Q_i 的组合值系数，应分别按《建筑结构荷载规范》（GB 50009）各章的规定采用；

　　　n——参与组合的可变荷载数。

7.3.2　加载程序

1. 预加载

在对构件的结构性能试验正式开始前，宜对被测构件进行预加载，以检查试验装置的工作是否正常，同时观察构件是否在试验前已产生了裂缝等损伤情况。同时，在对构件进行预加荷时，应防止构件因预加载而产生裂缝。预加载值不宜超过结构构件开裂试验荷载计算值的70%。

2. 分级加载和卸载

试验荷载应按下列规定分级加载和卸载：

（1）构件分级加载方法：当荷载小于检验荷载标准值时，每级荷载应不大于检验荷载标准值的20%；当荷载大于检验荷载标准值时，每级荷载应不大于检验荷载标准值的10%；当荷载接近抗裂检验荷载值时，每级荷载应不大于检验荷载标准值的5%；当荷载接近承载力检验值时，每级荷载应不大于承载力检验值的5%。对仅作挠度、抗裂或裂缝宽度检验的构件应分级卸载。

（2）作用在构件上的试验设备质量及构件自重应作为第一次加载的一部分。

（3）每级卸载值可取为使用状态短期试验荷载值的20%～50%，每级卸载后在构件上的试验荷载剩余值宜与加载时的某一荷载值相对应。

3. 每级加载或卸载后的荷载持续时间

应符合下列规定：每级加载完成后，应持续 10 ~ 15min；在荷载标准值作用下，应持续 30min；在持续时间内，应观察裂缝的出现和开展，以及钢筋有无滑移等；在持续时间结束时，应观察并记录各项读数。

4. 挠度或位移的量测方法

1）挠度量测仪表的设置

挠度测点应在构件跨中截面的中轴线上沿构件两侧对称布置，还应在构件两端支座处布置测点，量测挠度的仪表应安装在独立不动的仪表架上，现场试验应消除地基变形对仪表支架的影响。

2）试验构件变形的量测时间

（1）构件在试验加载前，应在没有外加荷载的条件下测读仪表的初始读数；

（2）试验时在每级荷载作用下，应在规定的荷载持续时间结束时量测构件的变形。构件各部位测点的测读程序在整合试验过程中宜保持一致，各测点间读数时间间隔不宜过长。

5. 应力-应变测量方法

（1）需要进行应力-应变分析的构件，应量测其控制截面的应变。量测构件应变时，测点布置应符合下列要求：

对受弯构件应首先在弯矩最大的截面上沿截面高度布置测点，每个截面不宜少于两个；当芯样量测沿截面高度的应变呈规律分布时，布置测点数不宜少于五个；在同一截面的受拉区主筋上应布置应变测点。

（2）量测构件局部变形，可采用千分表、杠杆应变表、手持式应变仪或电阻应变计等各种量测应变的仪表或传感元件；量测混凝土应变时，应变计的标距应大于混凝土粗骨料最大粒径的 3 倍。

当采用电阻应变计量测构件内部钢筋应变时，宜使现场贴片，并做可靠的防护处理。

对于采用机械式应变仪量测构件内部钢筋应变时，则应在测点位置处的混凝土保护层部位预留孔洞或预埋测点；也可在预留孔洞的钢筋上粘贴电阻应变计进行量测。

对于采用机械式应变计量测构件应变时，应有可靠的温度补偿措施。在温度变化较大的地方采用机械式应变仪量测应变时，应考虑温度影响径向修正。

7.3.3　试验过程中的结果观察

1. 抗裂试验与裂缝量测方法

（1）结构构件进行抗裂试验时，应在加载过程中仔细观察和判别试验结构构件中第一次出现的垂直裂缝或斜裂缝，并在构件上绘出裂缝位置，标出相应的荷载值。

但在加载过程中第一次出现裂缝时，应取前一级荷载值作为开裂荷载实测值；当在规定的荷载持续时间内第一次出现裂缝时，应取本级荷载值与前一级荷载的平均值作为其开裂荷载实测值；当在规定的荷载持续时间结束后第一次出现裂缝时，应取本级荷载值作为开裂荷载实测值。

（2）用放大倍率不低于四倍的放大镜观察裂缝的出现。试验结构构件开裂后应立即对裂缝的发生发展情况进行详细观测，量测使用状态试验荷载值作用下的最大裂缝宽度及各级荷载作用下的主要裂缝宽度、长度及裂缝间距，并应在试件上标出。

（3）最大裂缝宽度应在使用状态短期试验荷载值持续作用 30min 结束时进行量测。

2. 承载力的测定和判定方法

1）对试验构件进行承载力试验时，在加载或持载过程中出现下列标志之一即认为该构件宜达到或超过承载能力极限状态。

（1）对有明显物理流限的热轧钢筋，其受拉主钢筋应力到达屈服强度，受拉应变达到 0.01；对无明显物理流限的钢筋，其受拉主钢筋的受拉应变达到 0.01；

（2）受拉主钢筋拉断；

（3）受拉主钢筋处最大垂直裂缝宽度达到 1.5mm；

（4）挠度达到跨度的 1/50；对悬臂结构，挠度达到悬臂长的 1/25；

（5）受压区混凝土压坏。

2）径向承载力试验时，应取首先到达上述第（1）条所列的标志之一时的荷载值，包括自重和加载设备中来确定结构构件的承载力实测值。

3）当在规定的荷载持续时间结束后出现上述第（1）条所列的标志之一时，应以此时的荷载值作为试验构件极限荷载的实测值；当在加载过程中出现上述标志之一时，应取前一级荷载值作为构件的极限荷载实测值；当在规定的荷载持续时间内出现上述标志之一时，应取本级荷载值与前一级荷载的平均值作为极限荷载实测值。

7.4 数据处理与结果判定

构件结构性能试验的结果判定，主要包括构件的变形（挠度）、抗裂度（裂缝宽度）和承载力三部分的结果分析和判定。

7.4.1 变形量测的试验结果整理

1）确定构件在各级荷载作用下的短期挠度实测值，按式（7-5）和式（7-6）计算：

$$a_t^0 = a_q^0 \psi \tag{7-5}$$

$$a_q^0 = v_m^0 - \frac{1}{2}(v_l^0 + v_r^0) \tag{7-6}$$

式中　a_t^0 ——全部荷载作用下构件跨中的挠度实测值（mm）；

　　ψ ——用等效集中荷载代替实际的均布荷载进行试验时的加载图式修正系数，按表7-2取用；

　　a_q^0 ——外加试验荷载作用下构件跨中的挠度实测位（mm）；

　　v_m^0 ——外加试验荷载作用下构件跨中的位移实测值（mm）；

　　v_l^0 ——外加试验荷载作用下构件左、右端支座沉陷位移的实测值（mm）。

表7-2　加载图式修正系数 ψ

名称	修正系数
均布荷载	1.0
二集中力四分点等效荷载	0.91
二集中力三分点等效荷载	0.98
四集中力八分点等效荷载	0.97
八集中力十六分点等效荷载	1.0

2）预制构件的挠度应按下列规定进行检验：

当按规定的挠度允许值进行检验时，应符合式（7-7）的要求：

$$a_s^o \leqslant [a_s] \tag{7-7}$$

式中　a_s^o ——在荷载标准值下的构件挠度实测值；

　　$[a_s]$ ——挠度检验允许值。

当按构件实配钢筋进行挠度检验或仅检验构件的挠度、抗裂或裂缝宽度时，应符合式（7-8）的要求：

$$a_s^o \leqslant 1.2\, a_s^c \tag{7-8}$$

式中　a_s^c——在检验荷载标准值下的构件挠度计算值。

7.4.2　抗裂试验与裂缝量测的试验结果整理

1）结构试验中裂缝的观测应符合下列规定：

（1）观察裂缝出现可采用精度为 0.05mm 的裂缝观测仪等仪器进行观测；

（2）对正截面裂缝，应量测受拉主筋处的最大裂缝宽度；

（3）确定构件受拉主筋处的裂缝宽度时，应在构件侧面量测。

2）预制构件的抗裂检验应符合式（7-9）的要求：

$$\gamma_{cr}^0 \geqslant [\gamma_{cr}] \tag{7-9}$$

式中　γ_{cr}^0——构件的抗裂检验系数实测值，即试件的开裂荷载实测值与检验荷载标准值（均包括自重）的比值；

　　$[\gamma_{cr}]$——构件的抗裂检验系数允许值。

3）预制构件的裂缝宽度检验应符合式（7-10）的要求：

$$w_{s,max}^0 \leqslant [w_{max}] \tag{7-10}$$

式中　$w_{s,max}^0$——在检验荷载标准值下，受拉主筋处的最大裂缝宽度实测值（mm）；

　　$[w_{max}]$——构件检验的最大裂缝宽度允许值，mm，按表 7-3 取用。

表 7-3　构件检验的最大缝宽度允许值　　　　　　　　（mm）

设计要求的最大裂缝宽度限值	0.2	0.3	0.4
$[w_{max}]$	0.15	0.20	0.25

7.4.3　承载力试验结果整理

预制构件承载力应按下列规定进行检验，见式（7-11）：

$$\gamma_u^0 \geqslant \gamma_0 [\gamma_u] \tag{7-11}$$

式中　γ_u^0——构件的承载力检验系数实测值，即试件的荷载实测值与荷载设计值（均包括自重）比值；

　　γ_0——结构重要性系数，按设计要求确定，当无专门要求时取 1.0；

　　$[\gamma_u]$——构件的承载力检验系数允许值。

7.4.4 结构性能检验结果的判定

（1）当试件结构性能的全部检验结果均符合上述检验要求时，该批构件的结构性能应通过验收。

（2）当第一个试件的检验结果不能符合上述要求，但其挠度检测值未超过允许值的 1.10 倍，对承载力及抗裂检验系数已超过要求的95%，在这种情况下可进行第二次复检。如果被测构件未达到复检要求时，则可直接判定该批构件的结构性能不合格。

（3）在对构件进行第二次检验的要求时，要对已抽两个备用试件进行检验。第二次检验时，对承载力及抗裂检验系数可控制取标准允许值减 0.05；对挠度检测值可控制不超过允许值的 1.10 倍。当第二次抽取的两个试件的全部检验结果符合第二次检验的要求时，该批构件的结构性能可通过验收。

（4）当第二次抽取的第一个试件的全部检验结果均已符合挠度、抗裂度（裂缝宽度）和承载力的要求时，可不再对每三个构件进行试验，直接判定该批构件的结构性能合格。

7.4.5 工程实例

根据《河北省建筑构件通用图集：预应力混凝土长向空心板》DBJT 02-03—92 的相关内容，该板的实际尺寸为：长×宽×高 ＝4100mm×880mm×200mm。

正常使用短期检验荷载值（含自重 2.82kN/m^2）：11.03kN/m^2；

承载力检验荷载设计值（含自重 2.82kN/m^2）：13.78kN/m^2；

短期挠度计算值：4.53mm；

开裂荷载标准值（含自重 2.82kN/m^2）：9.91kN/m^2；

各种承载力检验标志所对应的荷载值（含自重 2.82kN/m^2）：

标志 1：13.78×1.2＝16.54kN/m^2；

标志 2：13.78×1.25＝17.23kN/m^2；

标志 4：13.78×1.35＝18.61kN/m^2；

标志 3、5：13.78×1.5＝20.67kN/m^2；

构件的计算跨度：4100－100＝4000mm。

计算宽度：900mm

加荷程序：

第 1 级：持荷 10min；

荷载计算：$11.03 \times 20\% - 2.83 = -0.614 \mathrm{kN/m^2}$（自重加荷）

第 2 级：持荷 10min；

荷载计算：$11.03 \times 40\% - 2.82 = 1.592 \mathrm{kN/m^2}$

折合整个构件的荷载值为：$1.592 \times 4 \times 0.9 = 5.73 \mathrm{kN}$

第 3 级：持荷 10min；

荷载计算：$11.03 \times 20\% = 2.206 \mathrm{kN/m^2}$

折合整个构件的荷载值为：$2.206 \times 4 \times 0.9 = 7.94 \mathrm{kN}$

第 4 级：持荷 10min；

荷载计算：$11.03 \times 20\% = 2.206 \mathrm{kN/m^2}$

折合整个构件的荷载值为：$2.206 \times 4 \times 0.9 = 7.94 \mathrm{kN}$

第 5 级：开裂荷载，持荷 10min 观察构件的开裂情况；

荷载计算：$9.91 - 11.03 \times 80\% = 1.086 \mathrm{kN/m^2}$

折合整个构件的荷载值为：$1.086 \times 4 \times 0.9 = 3.91 \mathrm{kN}$

第 6 级：挠度检验，持荷 30min 后，检测其挠度值是否超过 4.53mm；

荷载计算：$11.03 - 9.91 = 1.12 \mathrm{kN/m^2}$

折合整个构件的荷载值为：$1.12 \times 4 \times 0.9 = 4.03 \mathrm{kN}$

第 7 级：持荷 10min；

荷载计算：$11.03 \times 10\% = 1.103 \mathrm{kN/m^2}$

折合整个构件的荷载值为：$1.103 \times 4 \times 0.9 = 3.97 \mathrm{kN}$

第 8 级：持荷 10min；

荷载计算：$11.03 \times 10\% = 1.103 \mathrm{kN/m^2}$

折合整个构件的荷载值为：$1.103 \times 4 \times 0.9 = 3.97 \mathrm{kN}$

第 9 级：持荷 10min；

加荷计算：$13.78 \times 1.1 - 11.03 \times 1.2 = 1.922 \mathrm{kN/m^2}$

折合整个构件的荷载值为：$1.922 \times 4 \times 0.9 = 6.92 \mathrm{kN}$

第 10 级：持荷 10min；

加荷计算：$13.78 \times 10\% = 1.78 \mathrm{kN/m^2}$

折合整个构件的荷载值为：$1.378 \times 4 \times 0.9 = 4.96 \mathrm{kN}$

第 11 级：持荷 10min；

加荷计算：$13.78 \times 5\% = 0.689 \mathrm{kN/m^2}$

折合整个构件的荷载值为：$0.689 \times 4 \times 0.9 = 2.48 \mathrm{kN}$

第 12 级：持荷 10min 后，破坏标志②检验（$v_\mathrm{u} = 1.30$）；

加荷计算：$13.78 \times 5\% = 0.689 \text{kN/m}^2$

折合整个构件的荷载值为：$0.689 \times 4 \times 0.9 = 2.48 \text{kN}$

第 13 级：持荷 10min（$v_u = 1.35$）；

荷载计算：$13.78 \times 10\% = 1.378 \text{kN/m}^2$

折合整个构件的荷载值为：$1.378 \times 4 \times 0.9 = 4.96 \text{kN}$

第 14 级：持荷 10min，破坏标志④检验（$v_u = 1.40$）；

荷载计算：$13.78 \times 5\% = 1.378 \text{kN/m}^2$

折合整个构件的荷载值为：$0.689 \times 4 \times 0.9 = 2.48 \text{kN}$

第 15 级：持荷 10min（$v_u = 1.45$）；

荷载计算：$13.78 \times 10\% = 1.378 \text{kN/m}^2$

折合整个构件的荷载值为：$1.378 \times 4 \times 0.9 = 4.96 \text{kN}$

第 16 级：持荷 10min，破坏标志③⑥检验（$v_u = 1.50$）；

荷载计算：$13.78 \times 5\% = 1.378 \text{kN/m}^2$

折合整个构件的荷载值为：$0.689 \times 4 \times 0.9 = 2.48 \text{kN}$

第 17 级：持荷 10min，破坏标志⑤检验（$v_u = 1.55$）；

荷载计算：$13.78 \times 5\% = 1.378 \text{kN/m}^2$

折合整个构件的荷载值为：$0.689 \times 4 \times 0.9 = 2.48 \text{kN}$

参 考 文 献

[1] 中华人民共和国住房和城乡建设部. 建筑结构检测技术标准: GB/T 50344—2004[S]. 北京: 中国建筑工业出版社, 2004.

[2] 中华人民共和国住房和城乡建设部. 混凝土结构现场检测技术标准: GB/T 50784—2013[S]. 北京: 中国建筑工业出版社, 2013.

[3] 中华人民共和国住房和城乡建设部. 普通混凝土力学性能试验方法: GB/T 50081 2019[S]. 北京: 中国建筑工业出版社, 2019.

[4] 中华人民共和国住房和城乡建设部. 混凝土结构工程施工质量验收规范: GB 50204—2015[S]. 北京: 中国建筑工业出版社, 2015.

[5] 中华人民共和国住房和城乡建设部. 混凝土强度检验评定标准: GB/T 50107—2010[S]. 北京: 中国建筑工业出版社, 2010.

[6] 中华人民共和国住房和城乡建设部. 混凝土结构设计规范: GB 50010—2010(2015版)[S]. 北京: 中国建筑工业出版社, 2010.

[7] 中华人民共和国住房和城乡建设部. 回弹法检测混凝土抗压强度技术标准: JGJ/T 23—2011[S]. 北京: 中国建筑工业出版社, 2011.

[8] 中华人民共和国住房和城乡建设部. 混凝土耐久性检验评定标准: JGJ/T 193—2009[S]. 北京: 中国建筑工业出版社, 2009.

[9] 中华人民共和国住房和城乡建设部. 钻芯法检测混凝土强度技术规程: JGJ/T 384—2016[S]. 北京: 中国建筑工业出版社, 2016.

[10] 中华人民共和国住房和城乡建设部. 混凝土中钢筋检测技术标准: JGJ/T 152—2019[S]. 北京: 中国建筑工业出版社, 2019.

[11] 中国工程建设标准化协会. 拔出法检测混凝土强度技术规程: CECS 69: 2011[S]. 北京: 中国计划出版社, 2011.

[12] 中国工程建设标准化协会. 火灾后建筑结构鉴定标准: CECS 252: 2009[S]. 北京: 中国计划出版社, 2009.

[13] 中国工程建设标准化协会. 超声回弹综合法检测混凝土强度技术规程: CECS 02: 2005[S]. 北京: 中国建筑工业出版社, 2005.

[14] 中国工程建设标准化协会. 超声法检测混凝土缺陷技术规程: CECS 21: 2000[S]. 2000.

[15] 吴新璇. 混凝土无损检测技术手册[M]. 北京: 人民交通出版社, 2003.

[16] 《新编混凝土无损检测技术》编写组．新编混凝土无损检测技术[M]．北京：中国环境科学出版社，2002.

[17] 周克印，周在杞，姚恩涛，等．建筑工程结构无损检测技术[M]．北京：化学工业出版社，2006.

[18] 张仁瑜，王征，孙盛佩．混凝土质量控制与检测技术[M]．北京：化学工业出版社，2007.

[19] 余红发．混凝土非破损测强技术研究[M]．北京：中国建材工业出版社，1999.

[20] 袁明德．探地雷达检测中如何计算速度[J]．物探与化探，2003(3)：220 ~ 222.

[21] 周杨，冷元宝，赵圣立．路用探地雷达的应用技术研究进展[J]．地球物理学进展 2003(3)：481 ~ 486.

[22] 戴前伟，吕绍林，肖彬．地质雷达的应用条件探讨[J]．物探与化探，2000(2)：157 ~ 160.

[23] 西德尼·明德斯，等．混凝土[M]．北京：化学工业出版社，2005.

[24] 中国工程院土木水利与建筑学部工程结构安全性与耐久性研究咨询项目组．混凝土结构耐久性设计与施工指南[S]．北京：中国建筑工业出版社，2004.

[25] 曹国辉．土木工程结构试验[M]．北京：中国电力出版社，2009.

[26] 姚谦峰，等．土木工程结构试验[M]．2版．北京：中国建筑工业出版社，2008.

[27] 易伟建，张望喜．建筑结构试验[M]．北京：中国建筑工业出版社，2005.

[28] 周明华．土木工程结构试验与检测[M]．南京：东南大学出版社，2005.

[29] 王天稳．土木工程结构试验[M]．武汉：武汉理工大学出版社，2006.

[30] 李忠献．工程结构试验理论与技术[M]．天津：天津大学出版社，2004.

[31] 周明华．土木工程结构试验与检测[M]．南京：东南大学出版社，2005.

[32] 王柏生．结构试验与检测[M]．杭州：浙江大学出版社，2007.